云计算与大数据理论实践研究

刘 玮 陈小林 ◎ 著

吉林出版集团股份有限公司

版权所有　侵权必究

图书在版编目（CIP）数据

云计算与大数据理论实践研究 / 刘玮，陈小林著
. 一 长春：吉林出版集团股份有限公司，2024.6
ISBN 978-7-5731-5051-6

Ⅰ．①云… Ⅱ．①刘… ②陈… Ⅲ．①云计算－研究
②数据处理－研究 Ⅳ．①TP393.027②TP274

中国国家版本馆CIP数据核字（2024）第104625号

云计算与大数据理论实践研究
YUNJISUAN YU DASHUJU LILUN SHIJIAN YANJIU

著　　者	刘　玮　陈小林
出版策划	崔文辉
责任编辑	侯　帅
封面设计	文　一
出　　版	吉林出版集团股份有限公司
	（长春市福祉大路5788号，邮政编码：130118）
发　　行	吉林出版集团译文图书经营有限公司
	(http://shop34896900.taobao.com)
电　　话	总编办　0431-81629909　营销部　0431-81629880/81629900
印　　刷	廊坊市广阳区九洲印刷厂
开　　本	710mm×1000mm　1/16
字　　数	200千字
印　　张	14
版　　次	2024年6月第1版
印　　次	2024年6月第1次印刷
书　　号	ISBN 978-7-5731-5051-6
定　　价	85.00元

如发现印装质量问题，影响阅读，请与印刷厂联系调换。电话：0316-2803040

前言

随着信息技术的迅猛发展，云计算与大数据已经成为当今科技领域的两大热门话题。云计算以其强大的计算能力和灵活的资源调配方式，为各行各业提供了前所未有的便利；而大数据则以其海量的数据资源和深入的数据分析能力，为决策制定和科学研究提供了强有力的支持。因此，对云计算与大数据的理论与实践进行深入研究，具有重要的现实意义和理论价值。

云计算作为一种新型的计算模式，通过虚拟化技术将计算资源、存储资源、网络资源等进行整合，实现了资源的按需分配和高效利用。它不仅可以降低企业的运营成本，提高运营效率，还可以为企业提供更加安全、可靠的数据存储和计算服务。同时，云计算的弹性扩展能力使得企业可以根据实际需求快速调整资源规模，从而更好地应对去市场变化和业务挑战。

本书旨在全面介绍云计算与大数据的理论与实践。我们将从云计算的基本概念、架构、关键技术等方面入手，深入剖析其工作原理和应用场景；同时，我们还将介绍大数据的采集、存储、处理和分析等技术，探讨其在各个领域的应用前景。此外，我们结合具体案例，分析云计算与大数据在实际应用中的优势和挑战，为读者提供有益的参考和借鉴。

由于笔者能力有限，书中肯定有不足和遗漏之处，恳请广大同人批评指正，以便将来做进一步的修订。

目 录

第一章 云计算 ··· 1
    第一节 云计算概述 ··· 1
    第二节 云计算与网格计算 ··· 47
    第三节 云计算的体系架构与关键技术 ·· 60
    第四节 云计算的机遇与挑战 ·· 76

第二章 云计算和数据挖掘 ··· 81
    第一节 数据挖掘与云计算的关系与区别 ··· 81
    第二节 基于云计算的数据挖掘技术 ··· 83
    第三节 基于云计算的数据挖掘系统 ··· 86

第三章 大数据 ··· 90
    第一节 大数据基金会 ··· 90
    第二节 大数据的定义和特点 ·· 116
    第三节 大数据技术系统 ··· 118

第四章 大数据模式和价值 ·· 123
    第一节 大数据一般模式 ··· 123
    第二节 大数据业务价值 ··· 125
    第三节 大数据应用的共性需求 ··· 137

第五章 云技术及大数据下的高校智能协作平台 ······································· 141
    第一节 高校应用智能协作平台的目标 ·· 141

第二节　高校智能协作平台的表现形式 ………………………………… 142

　　第三节　高校智能协作平台服务单元描述 ……………………………… 145

　　第四节　高校智能协作平台的特点与进化 ……………………………… 148

　　第五节　高校智能协作平台的云计算安全 ……………………………… 149

第六章　大数据应用实践 …………………………………………………… 172

　　第一节　大数据时代城乡规划决策及应用 ……………………………… 172

　　第二节　健康大数据在药物经济决策中的应用 ………………………… 176

　　第三节　大数据挖掘在电商市场决策中的应用 ………………………… 178

　　第四节　大数据在高校就业工作中的应用 ……………………………… 183

　　第五节　大数据在基础教育管理与决策中的应用 ……………………… 187

第七章　大数据技术发展展望 ……………………………………………… 193

　　第一节　大数据信息安全与信息道德 …………………………………… 193

　　第二节　大数据挖掘的发展趋势 ………………………………………… 199

　　第三节　大数据技术推动高校发展的对策 ……………………………… 209

参考文献 ……………………………………………………………………… 218

第一章　云计算

第一节　云计算概述

一、云计算简介

（一）云计算的内涵

云计算（Cloud Computing）是分布式处理、并行处理和网络计算的协同发展，或者说是这些计算机科学概念的商业实现，是基于互联网的超级计算模式，即把存储于个人电脑、移动电话和其他设备上的大量信息和处理资源集中在一起协同工作，是把在极大规模上可扩展的信息技术能力向外部客户作为服务来提供的一种计算方式。它通过网络把多个成本相对较低的计算实体整合成一个具有强大计算能力的系统，并借助软件即服务（SaaS）、平台即服务（PaaS）、基础设施即服务（IaaS）、移动安全平台（MSP）等先进的商业模式把这种强大的计算能力分布到终端用户手中。

云计算最基本的概念，是通过网络将庞大的计算处理程序自动拆分成无数个较小的子程序，再交由多部服务器所组成的庞大系统，经搜寻、计算分析之后将处理结果回传给用户。通过这项技术，网络服务提供者可以在数秒之内，完成处理数以千万计甚至亿计的信息工作，达到和"超级计算机"同样强大效能的网络服务。

云计算是一种基于互联网的、大众参与的计算模式，不仅包括计算资源、存储资源，还有网络。其计算资源包括计算能力、存储能力、交互能力等，是动态的、可伸缩的、被虚拟化的，并以服务的方式进行提供。云计算的本质是构建一个智能的数据中心，或者说下一代数据中心。

云计算的思想可以追溯到1971年图灵奖得主约翰·麦卡锡提出的"计算能力将作为一种像水、电一样的公用事业提供给用户"。2001年的搜索引擎大会上首次提出了"云计算"的概念：用户可以利用终端设备接入互联网，透明地访问"云端"的服务，"云"负责管理一切计算资源，快速响应用户的各种请求，并提供服务，所需费用则根据享受的服务进行计算。

目前，对于云计算的认识在不断地发展变化着，但云计算仍没有一致的定义。从一般应用的观点来看，云计算是基于互联网的超级计算模式，包含互联网上的应用服务、在数据中心提供这些服务的软硬件设施，以及进行的统一管理和协同合作。云计算将IT相关的能力以服务的方式提供给用户，允许用户在不了解提供服务的技术、没有相关知识以及设备操作能力的情况下，也能通过Internet获取需要的服务。

最简单的云计算技术在网络服务中已经随处可见，如搜寻引擎、网络信箱，使用者只要输入简单指令即能得到大量信息。在未来，手机、GPS等行动装置都可以通过云计算技术发展出更多的应用服务。未来的云计算不仅具有资料搜寻、分析的功能，而且还可以分析DNA结构、基因图谱定序、解析癌症细胞等。

在云计算时代，我们可以抛弃移动设备，因为只需要进入相关页面就可以新建文档、编辑内容，然后直接将文档的URL分享给朋友或者上司，他就可以直接打开浏览器访问URL。我们再也不用担心因硬盘损坏而发生资料丢失事件。

高德纳咨询公司对云计算的定义如下所述。

云是一种计算风格，利用互联网技术向多个外部客户提供大量可扩展的与IT

相关的功能。那么，到底什么是云计算？从"公用事业"的角度而言，可以将云计算当成第四种公用事业（排在水、电、电话之后）。正如我们和其他许多人所相信的，这正是云计算的终极目标。请考虑一下电和电话（公用事业）服务。我们回家或上班的时候，只要插上插头，就可以享用任意度数和任意时间长度的电量，而无须知道是怎么发电的或供应商是谁（我们只知道每个月底要为消耗的电量而付费）。电话也是如此，我们接上电话线，进行拨号，想谈多久就谈多久，无须知道通过哪类网络或哪些服务供应商进行转换。如果将云计算作为第四种公用事业，我们插上显示器就可以得到无限的计算资源和存储资源，想用多久、想用多少都可以。当互联网到了下一阶段——云计算阶段时，我们会将计算任务分配给"云"，即通过网络访问的计算、存储以及应用资源的组合——我们不再关心我们的数据的物理存储位置，也不关心服务器的物理位置，我们只是在需要它们的时候才使用它们（并为它们付费）。云供应商通过 Web 浏览器进行访问互联网交互应用，同时业务软件和数据存储在远程地点的服务器上。多数云计算基础设施都包含通过共享数据中心提供的服务。云看起来是一种为满足消费者计算需求的单一访问点，许多云服务供应商在云上提供带有指定 SLA（服务等级协议）的服务产品。

1. 软件即服务（SaaS）

SaaS 在 IT 业内非常普遍。一般来说，软件公司提供托管他们软件的 SaaS，然后为客户更新和维护 SaaS。云中的 SaaS 在云内结合了这一托管实践，使软件在云中就可以运行，而无须在企业的本地机器上安装软件，从而满足企业的业务需求。这一功能是通过运行在云基础设施之上的供应商的应用提供给消费者。客户可以通过各种客户端设备（客户端界面，如 Web 浏览器）方便地访问这些应用，如基于 Web 的电子邮件。对消费者而言，底层的云基础设施，包括网络、服务器、操作系统、存储甚至每个应用的功能，都是透明的，唯一的例外可能就是特定于用户的应用配置设置比较有限。

2. 平台即服务（PaaS）

从计算的术语方面来讲，平台通常指的是支持软件运行的硬件架构和软件框架（包括应用）。计算领域常见的平台有 Linux、Apache、MySQL 以及 PHP（LAMP）堆栈。运行在云上的 PaaS 向用户提供这些熟悉的平台堆栈，使用户能够摆脱购买和管理底层软硬件的成本和复杂性，方便地部署应用。PaaS 产品通常通过提供并发管理、可缩性、故障转换、安全性，使众多的并发用户都能够使用应用。消费者并不需要管理或控制底层的云基础设施，包括网络、服务器、操作系统或存储，但能控制部署的应用，可能还会限制应用托管环境的配置。

3. 基础设施即服务（IaaS）

当谈到基础设施时，人们想到的是网络设备、服务器、存储设备、连接、空调系统等项目。但在购买云基础设施时，以上部件都不是必需品。相反，用户在使用基于云的基础设施时，只需要关心如何去开发平台和软件。云向消费者提供的 IaaS 功能包括网络、计算和存储资源。消费者能够在 IaaS 上部署和运行任意软件，其中就包括操作系统和应用。消费者并不管理或控制底层的云基础设施，但能控制操作系统和部署的应用。

IT 的基础性硬件和软件资源包括构成网络的项目，即交换机、路由器、防火墙、负载均衡器、服务器和存储设备以及软件等。通常情况下，IT 基础由多个厂商的设备和软件构成。

（二）云计算的采用

多数公司的高管虽然都知道云计算可以大大地简化操作和使用程序、降低成本、提高效率，但他们对云仍然有所顾虑。

各种调查数据表明，影响 IT 人员采用云的关键因素是安全性和集成问题。虽然安全性和集成问题是人们对云计算的最大担心，但这些顾虑却并没有妨碍企业在自己的公司内部实施基于云的应用。因为认识到云的好处，尝到云计算实施方便、安全性方面的功能以及成本节约的甜头，很多使用云计算的IT决策者正计划着将更多的解决方案应用到云。

根据对客户进行的多次研讨与调研，下列安全性和集成问题似乎是多数客户最关注的问题。

（1）如何保护数据安全，如何保持数据可用？

（2）如何满足当前和日后的安全及风险管理合规性要求？

（3）云都提供了何种安全服务？

（4）如何对云的安全性执行内外部审计？

（5）如何自动提供网络、计算和存储？

（6）如何实时地按需向客户门户提供向所有基础设施设备发出的需求？

（7）如何协调众多的新兴云工具和现有的旧工具？

虽然许多调查表明，多数客户都很关心安全性和集成的问题，但多数成功的组织都会仔细计算风险，并在实施云的时候采用适当的安全措施。众所周知，没有人能够确保100%安全，但是，了解自己当前的状态，就可以更好地采取适合的安全措施，既消除风险，又发展业务。

（三）云计算的投资回报和云获益

Amazon Web 服务发布的容量/利用率曲线显示了投资回报情况。

图1-1中的容量/利用率曲线示例显示的是典型的数据中心和云IT IaaS按需服务的资源使用情况。因为在生命周期早期存在不必要的资本开支，所以存在闲置容量，而在生命周期后期又出现资源短缺的情况。如果没有云IT IaaS，计划的资源要么因为实际使用率低于计划资源量而浪费，要么因没有足够资源满足客户需求而引起客户不满和客户流失。

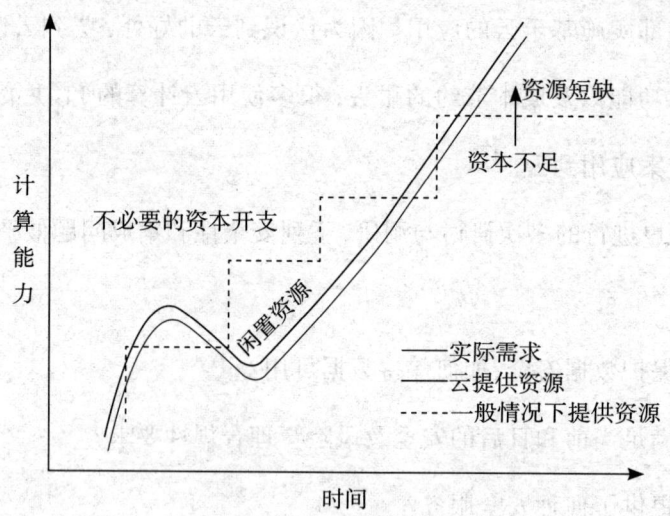

图 1-1 容量/利用率曲线

图 1-1 清楚地表明云 IaaS 为何有利于防止资源的过度供应或者供应不足，从而提高成本、收益和毛利，并提供必需的资源匹配客户的动态需求。利用云 IaaS，资源的供给能够符合需求曲线（参见图 1-1 所示的曲线），做到既不浪费资源也不缺乏资源。

根据容量/利用率曲线和云 IaaS 的技术优点，可以将云 IaaS 的经济获益概括如下。

（1）按使用情况为资源付费。最终用户的投资成本只包括连接期间的成本，并没有前期成本。

（2）基础设施设备的抽象通常由云供应商完成，最终用户没有锁定任何物理设备。

（3）最终用户按需获取服务，服务规模可大可小，没有规划的成本，也没有物理设备的成本，提供基础设施的云供应商还可以从充分利用自己设备的闲置容量中获益。

（4）最终用户可以从任何地方不受限制地进行访问应用、计算和存储。

（5）最终用户可以使用的容量不受限制，同时性能还能保持不变，只要双方达成一致的 SLA 影响。

云计算是对底层应用、信息、内容、资源的抽象，从而可以更具弹性、按需使用的方式提供和消费资源。这种抽象也使底层资源变得更容易管理，并为应用本身更高效的管理提供基础。通过云，无须任何前期资本成本投入，就可以立即访问硬件资源。仅此一点，就足以激励许多企业和服务供应商转移到云，因为这样可以提供更快的投资回报。

（四）云设计模式和用例

1. 设计模式

多数大企业都会对应用程序进行分层，从安全的角度将表层应用程序和数据分解到数据中心内的不同平台上。因此在最低限度上，一个云解决方案就必须支持区域划分（zoning）的概念，即允许不同的虚拟机在不同的安全区域或可用区域中存在，以满足应用程序分层的需求。在一个层内，还会有不同的设计模式为不同的问题提供解决方案。

（1）负载均衡器。有许多实例/工作程序执行相同的作业，由负载均衡器在这些实例/工作程序之间对作业的请求进行分配，并由负载均衡器将响应发回给请求者。在所有三个分层中都可以看到这个设计模式，在实现网站和业务应用程序时会经常用到。

（2）分配器与收集器。分配器与收集器可以将一个请求分解成多个独立的请求，然后在多个程序间分配，最后将多个工作程序的反应汇总后再返给请求者。搜索引擎经常使用这种模式，另外在应用程序层和数据库层经常能够看到这一模式。

（3）缓存。在使用负载均衡器模式或者分配器与搜集器模式分配请求之前，先查看缓存，缓存中存储了之前完成的所有查询。如果在缓存中没有发现匹配项，则向工作程序发出请求。这一设计模式在所有三层中都很常见。

（4）任务调度。智能化的调度程序根据当前的负载、趋势或者预测，在工作程序集合上启动任务。任务采用并行方式处理，输出结果传递到输出队列进行搜集。这个设计模式通常在应用程序之间使用。

（5）其他。随着技术的发展，类似 MapReduce、黑板的设计模式可能会流行起来。本书无意预测哪些设计模式会在云中获得成功，但可以看到的是，当负载要求对系统规模进行横向扩展的时候，IaaS 是承载此类设计模式的出色平台。

使用"基础设施容器"是其他设计模式的一个良好示例。例如，VMware 描述了这样的一种虚拟数据中心："vCloud 虚拟数据中心（vDC）是对资源的一种分配机制。在 vDC 中，计算资源完全虚拟化，可以根据需求、服务级别要求或者二者的组合来分配这些资源。vDC 有两种类型，即供应商 vDC 和组织 vDC。"

（1）供应商 vDC。这些 vDC 包含 vCloud 服务提供商提供的所有资源，供应商 vDC 由云系统管理员所创建和管理。

（2）组织 vDC。这些 vDC 为存储、部署和操作虚拟系统提供了一个环境。它们还提供了虚拟介质存储，如虚拟软驱和虚拟光驱。

组织的管理员规定如何将来自供应商 vDC 的资源分配给组织内的 vDC。

VMware 的 vDC 为将特定于租户的拓扑复杂性抽象出来提供了一个好办法，还为管理资源提供了方法。这一主题的变体就是 Cisco 的网络容器。目前已经提交给 OpenStack 作为网络即服务的基础，网络容器对 IaaS 的服务模型进行了进一步的抽象，从而向最终用户隐藏复杂的网络拓扑，并在更大的设计模式中使用。但是，负载均衡功能、第 2 层隔离和安全性以及第 3 层隔离，都是在一个网络容器内实例化的，而这个网络容器是在一套物理网络设备之上所运行的。这样一来，应用程序开发人员就能专注于应用程序的功能，而无须考虑网络拓扑实现的细节。开发出来的应用程序只需要它所在的虚拟机与具体网络容器内的具体区域连接即可，负载均衡、防火墙、寻址等工作均由网络容器处理。

2. 云用例

云计算的使用将以大型企业为主，因为它们最有可能采用私有云、公共云或混合云的解决方案。相比主流 IT 技术，多数云技术仍然相当不成熟，因此采用云解决方案的过程仍然是个冒险的过程。但是，如果采用云解决方案获得成功，企业会变得更加敏捷，其投入产出比会更高，从而取得实质性的回报。考虑到云市场目前的成熟度以及安全性，大型企业在短期内还不会将关键业务应用程序部署到云中。当然，围绕客户关系管理以及销售工具的 SaaS 产品已得到广泛采用，但这些应用程序通常相当独立，不需要与现有业务流程或技术集成，因此采用起来也更简单。目前已经梳理出来的许多典型用例允许企业"试探性"地使用云（IaaS/PaaS/SaaS），并能从中得到一些显著的商业收益。

公司开发和测试环境的设置及维护工作既要投入大量人力，又需要高昂的成本。应用程序开发和硬件更新的周期性意味着这些环境在大部分时间中的使用率都很低，而在需要使用这些环境的时候，它们可能又过时了。虚拟化可以减少硬件更新的需求，因为用户可以随时增加虚拟机的内存和 CPU，而且可以相对平稳地在不同的硬件平台间实现迁移，但硬件仍然是必需的，而且使用率仍然不高。另外，如果企业面对的是工作时间变化较大的开发人员，他突发灵感，想出可以让公司的某个应用程序运行起来快 3 倍的方法，凌晨 3 点就要起来工作，但需要一台新的数据库服务器。由此可见，云（IaaS 和 PaaS）为企业提供了满足这些灵活性需求、按需自助服务需求和提高利用率的功能。

业务持续性和灾难恢复对任何企业来说都是两个关键领域。可以将业务持续性视为允许客户、员工在任何时候都能访问关键业务功能的过程和工具。业务持续性主要包括技术支持、变更管理、备份以及灾难恢复。同开发和测试环境的使用率低下的情况一样，支持业务持续性过程的系统在业务运行正常的时候，利用率也比较低,但是在出现故障的时候,利用率可能会极高。例如,技术支持部门可能会收到大量的请求。在出现重大停机或"灾难"的时候,将这些应用程序转移或切换到备用地点,确保用户仍然能够访问应用程序、提交问题或者访问备份数据,这些都是至关重要的。云技术明显能够通过虚拟化技术提高技术支持或变更管理软件的利用率,或者通过 SaaS 的"按使用付费"模式去降低成本。IaaS 支持创建特定应用程序的新实例,实现应用程序规模的横向扩充,从而解决 IaaS 支持的某些需求问题,还支持在出现故障的时候转移到备用公有云或备用私有云上的备份或备用应用程序上,甚至可以在混合云模型中分解负载。

随着内部 IT 部门开始用共享服务模型来集中其功能、跟踪成本,将成本分摊到不同的业务线或业务单元就变得越来越重要。如果服务转移到企业外由 SaaS 或 IaaS 供应商提供,那么根据使用情况来跟踪和分摊成本就成为企业成本管理的一个关键功能。服务在云中托管意味着可以使用 IaaS 内在的机制来计算和呈现不同的收费、分摊和反馈数据。

桌面管理是大型企业中非常突出的问题,为了排除故障,修改和保护不同的桌面配置,就需要部署大量的运营资源。虚拟桌面基础设施(VDI)的引入允许用户连接到集中管理的桌面。云有助于桌面的自助管理,有助于新桌面的克隆,还有助于主映像的管理。对 VDI 资源的计费和收费也可以通过基于云的 VDI 解决方案来得到实现。

纯粹基于存储的服务,如文件备份、影像备份以及 ISO 存储,对任何一个大型企业都是必需的,通常会占用多达几 TB 的空间。如果在业务线(LOB)或业务单元(BU)级别上购买和分配这些资源,就会造成大量的资本开支以及严重的利用率低下。而存储云可以实现更高的利用率,并且其提供的灵活性和自助服务程度与在单个 LOB 或 BU 上分配资源的灵活性和自助服务程度相同。存储云还能利用其他云用例(如灾难恢复和分摊)提供更加全面的服务。

按需计算服务是任何 IaaS 云的基础,不受用例限制。使用者想要的只是提高业务的敏捷性,或者追加现有服务以满足需求,或者需要在指定期间迅速实现对新业务的支持。所有 IaaS 用例对按需计算的支持都取决于云供应商的能力。但是,不能简单地认为单个问题的解决方案就是部署服务器虚拟化技术,如 VMware ESX 或 Microsoft Hyper-V。许多应用程序无法或者难以虚拟化,所以在云产品中包含物理的按需服务需求经常会被忽视。虽然提供物理服务器的做法不像提供虚拟服务器的做法那么普遍,但这是个必备的能力,它要求在虚拟机监控程序级别、物理服务器及其上的操作系统和应用程序不能满足需求的时候,具备提供物理存储和物理网络的支持能力。

3. 部署模型

目前的用例和设计模式既可存在于企业内部数据中心的私有云内,也可存储在通过互联网公共访问的公有云内,还可存在于电信运营商通过企业 IP VPN 服务提供的私有访问的公有云内。

公有云或服务供应商提供的虚拟私有云,支持一套标准的设计模式和用例。例如,Amazon Web Service(AWS)EC2 支持负载均衡设计模式,在单独一层内提供。通过可用性分区和自动伸缩,支持按需计算、使用情况监控以及业务持续性这几个用例。但对特定用例的具体需求来说,还需要再进行评估。公共云的一个关键原则就是使用共享基础设施在供应商自己的数据中心托管多个租户,并使用公共的安全模型实现租户之间的隔离。云的全部管理由供应商负责,而使用者只需要按使用量付费即可。

私有云由企业 IT 部门构建和运营,所以支持内部使用者希望在整体的云参考模型中描述任何用例。虽然多个业务线或业务单元可以使用相同的基础设施,但安全模型不需要像公共云那样复杂,因为云的基础设施在企业内部,数据通常也都存储在企业内部。构建私有云时不需要企业构建大量的虚拟化、网络、存储、管理等功能，也不需要具有这么多功能。构建私有云意味着企业可以完全地利用云，甚至有可能发展出新的收入机会或业务模型。企业必须为支持云服务进行初始的基础设施投资，还要承担容量用尽、增加新基础设施时的后续成本。

第三个选择是允许服务供应商构建私有云，并且将运行的私有云托管在它的数据中心或放在企业内部。如果企业既想利用云服务，又不想投入太多，还要满足安全或合规要求，那么托管云就是理想的解决方案。托管云与公共云不同，托管云的基础设施在正常的操作时间内是由特定租户专用的。在非高峰时段，可以将资源退回给服务供应商，从而对应用程序可以打折收费。但是，有些租户可能不喜欢在他们的数据中心上运行不同的工作负荷。托管云并不意味着企业不必构建或投资云功能中心，而且如果供应商提供公共云服务，也许还可以根据需要在低成本的公共云和成本较高的私有云之间来回迁移工作负载。

4. 以 IaaS 为基础

迄今为止，我们已经从使用者的角度了解了构成云服务的组成部分，即在他们使用和部署云时可以考虑的用例、设计模式以及部署模型。之前还介绍了不同的云服务模型，即基础设施即服务（IaaS）、平台即服务（PaaS）以及软件即服务（SaaS）。本部分将介绍为什么对服务供应商来说，IaaS 是其他两种服务模型的基础，并介绍 IaaS 在支持典型的用例和设计模式时所需要的组件。

SaaS 是向使用者提供的，使用供应商在云基础设施上运行应用程序的功能。PaaS 是向使用者提供的，在云基础设施上部署使用者创建或购买的应用供应商支持的编程语言及工具开发的应用程序的功能。SaaS 和 PaaS 都提高了供应商对 IaaS 上的服务所承担的责任。如果供应商还需要提供实现基本云所需的自助服务特征和弹性，则有必要在 IaaS 解决方案上部署 SaaS 和 PaaS，以便构成 IaaS 基础的功能、系统和过程。这并不意味着 SaaS 供应商或 PaaS 供应商必须先部署 IaaS。

但是,如果先部署IaaS,那么SaaS和PaaS解决方案伸缩起来就会更容易。

从标准的定义角度来看,IaaS通常被当成纯粹的基础设施,所以服务器本身不提供操作系统或应用程序,但在实践中,多数云供应商都提供应用程序即服务的选择。在每种服务模型中应用程序的性质是不同的,分别描述如下内容

SaaS。使用者真正感兴趣的只是使用最终的应用程序,所以内容和数据是最重要的。如果要使用多种设备(智能手机、笔记本电脑、平板电脑等)访问应用程序,那么应用程序的表示方式也会成为重要的影响因素。如果只是用不同的应用程序"皮肤"向不同的租户提供应用程序,那么元数据在这个层次上也有意义。

PaaS。使用者感兴趣的主要是在这个环境内开发和测试应用程序,所以这里使用的应用程序可能是集成开发环境(IDE)、测试工具、中间件平台等。元数据方案在这里开发,操作系统(OS)以及必需的库也可以在这一层管理。

IaaS。使用者感兴趣的主要是交付基础设施,这样他可以在这个基础设施上添加他所负责的应用程序。根据服务的范围,这里的基础设施可以包括网络基础设施、操作系统以及基本的应用程序,如Linux、Apache、MySQL和PHP(LAMP)栈。

SaaS和PaaS都是需要服务器、操作系统等基础设施支持才能服务用户使用的应用程序。随着服务供应商对这些应用程序的责任等级的提高,以更有效的方式管理它们的需求也得到相应提升。以SaaS为例,尤其在应用程序本身并不支持多租户模式时(例如,某个托管服务供应商想在某个IP电话解决方案之上提供某种形式的监控应用程序),可以看到,对于每个租户,都必须创建应用程序的新实例。手动进行这种操作对服务供应商来说既费时又费力,所以使用IaaS解决方案快速部署新实例对供应商来说有着很大的商业意义。这个过程,以自动一致的方式来支持其他新的单租户应用程序、添加新实例来处理负载(横向伸缩)或修改现有应用程序的vRAM或vCPU来处理负载(纵向伸缩)。IaaS/PaaS解决方案的用户经常需要访问操作系统库、补丁、代码实例,还需要能够备份计算机或制作计算机的快照,

这些对任何IaaS解决方案来说都是关键的功能。在实现的时候，不应该直接构建这些功能，尤其是直接构建SaaS或PaaS功能，即使没有直接提供IaaS服务，也应该构建一个基础的IaaS层。这样做的话，架构会更灵活、更敏捷。以一致的方式构建基础设施，意味着不论IaaS、PaaS、SaaS或三者的任意组合使用什么样的基础设施，都能够用一致的方式进行管理、计费或收费。

云的使用者通常并不关心服务的实现方式或管理方式，他们只会要求供应商在他使用服务实例的生命周期内为服务水平、治理、变更、配置管理等负责，而不关心供应商管理的是基础设施、平台还是软件。因此，服务供应商需要以一致的方式管理服务的实现、保证以及收费/分摊功能。如果供应商提供了不止一个服务模型，理想的方式是用一个集成的管理栈来提供这些功能，而不是分散在不同的地方进行管理。

不论云使用者要求什么样的应用程序设计模式、用例或部署模型，为云选择的使用者运营模型都至关重要。

5. 云使用者的运营模型

运营模型描述的是组织如何设计、创建产品，并向使用者推销和提供产品。在云的环境内，运营模型描述的是云使用者如何向用户提供基于云的IT服务。对云供应商来说，也存在类似的模型，显示的是供应商如何提供和管理云服务。但云供应商的模型要考虑众多不同的使用者和市场，因此会更为复杂。

所有运营模型的核心是了解云解决方案中承载的用例和设计模式。理解了用例和设计模式并达成一致后，必须解决以下几方面的问题：

（1）组织。当资源托管在企业外或第三方时，使用者如何组织他的IT功能以支持更多按需使用模型或公用模型？

（2）服务产品组合。哪些服务由内部提供，提供给谁，如何建立新的服务？

（3）流程。转移到效用计算时要修改哪些流程，要做哪些修改？

（4）技术架构。要支持议定的用例和部署模型，须部署、修改或者购买哪些系统或技术？

（5）SLA管理。要向最终用户提供哪种服务水平协议（SLA），根据这个协议，组织和云供应商（对私有云来说，可以是内部的IT部门）之间需要提供什么样的服务水平协议？

（6）供应商管理。要选择哪个云供应商或工具厂商，选择的标准、许可证的类型，以及要使用的合约模型是什么？

（7）治理。使用者如何进行云决策，如何划分决策的优先级，如何管理决策，在引入效用计算模型时又如何降低风险？

熟悉开放组织架构框架开发方法的人可以看出与ADM之间存在一些相似之处。这是有意而为之的，因为云更多的是业务的转变而不是技术的转变。

云的采用首先是业务的转变，然后才是技术的转变。在考虑采用某种云使用模型时，应该充分理解以下方面。

按照云计算提供的服务类型和功能，可以将其分为三个类型：平台即服务（PaaS）、基础设施即服务（IaaS）和软件即服务（SaaS）。

平台即服务用户提供的是一个有着托管功能的软件开发平台，也可以称之为"云计算操作系统"。基于云的软件运行、测试和开发，大规模的分布式应用运行环境是PaaS的两个核心技术。

设施即服务的本质就是租用多个虚拟机服务器，以虚拟机的模式去替代以前的物理机。这样在相同的投资水平下，IaaS服务提供商比普通的服务器租用提供商能取得更大的收益。这种云提供出租给客户的是存储、处理能力、网络还有其他的基本计算资源，这种底层的、接近于直接操作硬件资源的服务接口，用户能够部署和运行包括应用程序和操作系统在内的任何软件。

软件即服务类型的云计算是一种软件分销的模式，也就是直接为用户提供应用软件。SaaS 有自己的优势，即成本较低、支持的服务可靠、扩展性非常强大。由于一种应用云只针对一种特定的功能，想提高其他功能的效率很难，所以它的缺点就是灵活性低。

可以根据云计算的服务方式、云计算服务的部署方式和服务对象将其分为三类，即私有云、公有云和混合云。用户可以根据自己的意愿选择适合自己的云计算模式。

云计算的战略资源包括软件、数据、基础设施和平台。未来云计算的发展趋势将由上面的四项战略资源来决定，根据"集中计算、按需应用"模式，这四项资源和云计算之间的关系可以表达为：云计算等于软件和数据之和加上基础设施与平台的和再与服务求积。

将来的云计算要有数量巨大的空间提供给管理以及存储数据使用。所有的信息技术资源几乎都能提供云服务。计算能力和应用程序、编程工具和存储容量，以及协作工具盒通信服务等都是上述资源的各个部分。信息技术部门因为再也不必为了软件和服务器的升级以及其他的一些问题的担心而得到一定程度的解放。企业利用云计算可以将信息技术的投资减小到最低，而且能将回报增加到最高。因此，企业完全可以把节省下来的信息技术的相关投资转移到其他的创新增收中去，以求得更大更新的生产力。

将来的云计算是全智能化的，完全可以按照客户提供的时间、地点、喜好等多种信息做出满足客户需求的预期工作。这样，在这种云计算的模式下，搜索信息的过程将实现对顾客的量身定做。

云计算模式在拥有以上诸多优势的同时，也存在着一些问题，如网络传输问题、数据隐私问题、数据可靠性和数据安全问题、标准问题、软件许可证问题等，所有这些都限制着云计算的飞速发展。

首先，云计算的网络传输问题。网络是云计算服务中不可缺少的重要部分。但当前的现实状况是网络运行速度不高并且不够稳定,这些都导致云应用的性能得不到提高。所以说,网络技术的不断发展是云计算普及必须具备的条件。

其次,云计算的数据隐私问题。企业和客户的数据隐私安全地存放在云服务中得到保护而不被非法使用和侵占,这不仅要求完成技术上的改进,也必须要有进一步完善的法律保障。

最后,云技术中存在的用户使用习惯问题。用户的使用习惯改变的问题,是使之能够很好地适应网络化的软硬件应用问题中最重要的、艰难的,而且需要很长时间才能完成的一项主要任务。

数据安全性问题目前是云计算发展的瓶颈。目前在互联网所有服务器上的大部分数据都属于某些企业和客户的商业机密的范畴,这些商业机密的安全性直接影响着企业的发展问题甚至是生死存亡的问题。故云计算技术的数据安全性问题一天得不到解决,云计算在客户和企业中应用的影响就会一直存在着。

二、云计算的阶段划分

企业的 IT 建设过程,以当前的基准来衡量,主要有三个阶段。

(一)第一个阶段:大集中过程

这一过程将企业分散的数据资源、IT 资源进行了物理集中,形成了规模化的数据中心基础设施。在数据集中过程中,不断实施数据和业务的整合,大多数企业的数据中心基本完成了自身的标准化,使得既有业务的扩展和新业务的部署能够有规划、可控制,并以企业标准进行 IT 业务的实施,解决了数据业务分散时期的混乱无序问题。在这一阶段中,很多企业在数据集中后期也开始了容灾建设,特别是在雪灾、大地震之后,企业的容灾中心建设普遍受到重视,金融行业几乎开展了全行业的容灾建设热潮,金融行业的大部分容灾建设级别都非常高,面向应用级容灾(数据零丢失为目标)。总的来说,第一阶段解决了企业 IT 分散管理和容灾的问题。

（二）第二个阶段：实施虚拟化的过程

在数据集中与容灾实现之后，随着企业的快速发展，数据中心 IT 基础设施扩张很快，但是系统建设成本高、周期长，即使是标准化的业务模块建设，软硬件采购成本、调试运行成本与业务实现周期并没有显著下降。标准化并没有提高系统的灵活性，集中的大规模 IT 基础设施出现了大量系统利用率不足的问题，不同的系统运行在独占的硬件资源中效率低下，而数据中心的能耗、空间问题逐步凸显出来。因此，以降低成本、提升 IT 运行灵活性、提升资源利用率为目的的虚拟化开始在数据中心进行部署。虚拟化屏蔽了不同物理设备的异构性，将基于标准化接口的物理资源虚拟化成逻辑上也完全标准化和一致化的逻辑计算资源（虚拟机）和逻辑存储空间。虚拟化可以将多台物理服务器整合成单台，每台服务器上都运行多种应用的虚拟机，实现物理服务器资源利用率的提升。由于虚拟化环境可以实现计算与存储资源的逻辑化变更，特别是虚拟机的克隆，使得数据中心 IT 实施的灵活性大幅提升，业务部署周期可由数月缩短到一天以内。虚拟化后，应用以 VM 为单元部署运行，数据中心服务器数量可大为减少且计算能效提升，数据中心的能耗与空间问题也可以得到控制。

总的来说，第二阶段提升了企业 IT 架构的灵活性，数据中心资源利用率有效提高，运行成本降低。

（三）第三个阶段：云计算阶段

对企业而言，数据中心的各种系统，包括软、硬件与基础设施，都是一大笔资源投入。新系统在建成后一般经历 3~5 年即逐步老化面临更换，软件技术则不断面临升级的压力。此外，IT 的投入难以匹配业务的需求，即使虚拟化，也难以解决不断增加的业务对资源的需求变化，在一定时期内，扩展性总是有所受限。于是企业 IT 产生新的期望蓝图：IT 资源能够弹性扩展、按需服务，将服务作为 IT 的核心，提升业务的敏捷性,进一步降低成本。因此,面向服务的IT需求开始演变到云计算架构上。云计算架构可以由企业自己所构建,也可用第三方云设施,但基本趋势是企业逐步采取租用IT资源的方式来实现业务需要。如同水力、电力资源一样,计算、存储、网络将成为企业IT运行的一种被使用的资源,无须自己建设,可按需获得。从企业角度来看,云计算解决了IT资源的动态需求和最终成本等问题,使得IT部门可以专注于服务的提供和业务运营。

这三个阶段中,大集中与容灾是面向数据中心物理组件和业务模块,虚拟化是面向数据中心的计算与存储资源,云计算最终面向IT服务。这样的一个演进过程,表现出IT运营模式的逐步改变,云计算最终根本改变了传统IT的服务结构,剥离了IT系统中与企业核心业务无关的因素,将IT与核心业务完全融合起来,使企业的IT服务能力与自身业务的变化相适应。在技术变革不断发生的过程中,网络应用逐步从基本互联网时代转换到Web服务时代,IT也由实现企业网络互通转换到提供信息架构全面支撑企业核心业务。技术驱动力也为云计算提供了实现的客观条件。

三、云计算的特点

云计算的特点主要表现在服务器规模巨大、资源虚拟化、高可靠性、通用性强、高可扩展性、按需服务、价格低廉等方面。

(一) 规模巨大

"云"具有相当大的规模,Amazon、IBM、微软等的"云"均拥有几十万台服务器。企业私有云一般拥有数百上千台服务器。"云"能赋予用户前所未有的计算能力。

(二) 资源虚拟化

云计算支持用户在任意位置使用各种终端获取应用服务。所请求的资源来自"云",而不是固定的有形的实体。应用在"云"中某处运行,但实际上用户无须了解,也不用担心应用运行的具体位置,只需要一台笔记本或者一个手机,就可以通过网络服务来实现人们所需要的一切,甚至包括超级计算这样的任务。

(三)高可靠性

"云"使用了数据多副本容错、计算节点同构可互换等措施来保障服务的高可靠性,使用云计算比使用本地计算机更为可靠。

(四)通用性强

云计算不针对特定的应用,在"云"的支撑下可以构造出千变万化的应用,同一个"云"可以同时支撑不同的应用运行。

(五)高可扩展性

"云"的规模可以动态伸缩,满足应用和用户规模增长的需要。

(六)按需服务

"云"是一个庞大的资源池,用户按需购买。

(七)价格低廉

由于"云"的特殊容错措施可以采用极其廉价的节点来构成云,"云"的自动化集中式管理使大量企业无须负担日益高昂的数据中心管理成本,"云"的通用性使资源的利用率较之传统系统大幅提升,因此用户可以充分享受"云"的低成本优势,经常只要花费几百元、几天时间就能完成以前需要数万元、数月时间才能完成的任务。

云计算可以彻底改变人们未来的生活,但人们同时要重视环境问题,这样才能真正为人类进步做贡献,而不仅仅是简单的技术提升。

(八)潜在的危险性

云计算服务除了提供计算服务,还提供存储服务外。但是云计算服务当前垄断在私人机构（企业）手中，而他们仅仅能够提供商业信用。政府机构、商业机构，特别是像银行这样持有敏感数据的商业机构，选择云计算服务还是应保持高度的警惕。一旦商业用户大规模使用私人机构提供云计算服务，无论其技术优势有多强，都不可避免地让这些私人机构以"数据（信息）"的重要性挟制整个社会。对信息社会而言，信息是至关重要的。此外，云计算中的数据虽然对数据所有者以外的其他云计算用户是保密的，但是对提供云计算的商业机构而言确实毫无秘密可言。所有这些潜在的危险，都是商业机构和政府机构选择云计算服务，特别是选择国外机构提供的云计算服务时，不得不考虑的一个重要前提。

四、云计算的影响

（一）对软件开发的影响

云计算环境下，软件技术、架构将发生显著变化。首先，所开发的软件必须与云相适应，能够与虚拟化为核心的云平台有机结合起来，适应运算能力、存储能力的动态变化；其次，要能够满足大量用户的使用，包括数据存储结构、处理能力的要求；再次，要互联网化，有基于互联网提供软件的应用；最后，安全要求更高，能保护私有信息。

云计算环境下，软件开发的环境、工作模式也将发生一定变化。虽然传统的软件工程理论不会发生根本性的变革，但基于云平台的开发工具、开发环境、开发平台将为敏捷开发、项目组内协同、异地开发等带来便利。软件开发项目组内可以利用云平台，实现在线开发，并通过云实现知识积累、软件复用。

云计算环境下，软件产品的最终表现形式更为丰富多样。在云平台上，软件可以是一种服务，如SaaS，也可以是一个Web Services，还可以是在线下载的应用，如苹果在线商店中的应用软件等。

（二）对软件测试的影响

在云计算环境下，软件开发工作的变化，必然会对软件测试带来相关影响和变化。

软件技术、架构发生变化，要求软件测试的关注点也应做出相对应的调整。软件测试在关注传统的软件质量的同时，还应该关注云计算环境所提出的新的质量要求，如软件动态适应能力、大量用户支持能力、安全性、多平台兼容性等。

云计算环境下，软件开发工具、环境、工作模式发生了改变，也就要求软件测试的工具、环境、工作模式发生相应的转变。软件测试工具应工作于云平台之上，测试工具的使用可通过云平台来进行，而不再以传统的本地方式；软件测试的环境可移植到云平台上，通过云构建测试环境；软件测试可以通过云实现协同、知识共享、测试复用。

软件产品表现形式的变化，要求软件测试可以对不同形式的产品进行测试，如Web Services的测试、互联网应用的测试、移动智能终端内软件的测试等。

云计算的普及和应用，还有很长的道路要走，社会认可、人们的习惯、技术能力，甚至是社会管理制度等都应做出相应的改变，方能使云计算实现真正普及。但无论怎样，基于互联网的应用将会逐渐渗透到每个人的生活中，对人们的服务、生活都会带来深远的影响。要应对这种变化，则很有必要讨论业务未来的发展模式，确定努力的方向。

五、云计算应用

（一）云物联

"物联网就是物物相连的互联网"这句话有两层意思：第一，物联网的核心和基础仍然是互联网，物联网是在互联网的基础上延伸和扩展的网络；第二，其用户端延伸和扩展到了物品与物品之间进行信息交换和通信。

随着物联网业务量的增加,对数据存储和计算量的需求将带来对"云计算"能力的要求。

(1)在物联网的初级阶段,POP即可满足需求。

(2)在物联网的高级阶段,可能出现MVNO/MMO营运商,需要虚拟化云计算技术、SOA等技术的结合以实现互联网的泛在服务,即TaaS。

(二)云安全

云安全(Cloud Security)是一个由"云计算"演变而来的新名词。云安全的策略构想:使用者越多,每个使用者就越安全。因为如此庞大的用户群,足以覆盖互联网的每个角落,只要某个网站被挂马或某个新木马病毒出现,那么就会立刻被截获。

"云安全"通过大量的网状客户端对网络中软件行为的异常进行监测,获取互联网中木马、恶意程序的最新信息,然后推送到Server端进行自动分析和处理,再把病毒和木马的解决方案分发到每一个客户端。

下面介绍十种方法来保证云安全。

1. 密码优先

如果讨论的是理想的情况的话,那么用户的用户名和密码对每一个服务或网站都应该是唯一的,而且是要得到许可的。因为如果用户名和密码都是同一组,那么当其中一个被盗,其他的账户同样也会暴露。

2. 检查安全问题

在设置访问权限时,应尽量避开那些瞥一眼就能看出答案的问题。最好的方法是选择一个问题,而这个问题的答案正好通过另一个问题的答案。例如,你选择的问题是"小时候住在哪里",答案最好是"黄色"之类与问题无关的回答。

3. 试用加密方法

无论这种方法是否可行,都不失为一个好的想法。加密软件需要来自用户方面的努力,但也有可能需要用户去抢夺代码凭证,因此没有人能够轻易获得它。

4. 管理密码

这里讲的是,用户可能有大量的密码和用户名需要跟踪照管。所以为了管理这些密码,用户需要有一个应用程序和软件在手边,它们将会帮助用户做这些工作,其中一个不错的选择是 Last Pass。

5. 双重认证

在允许用户访问网站之前可以有两种使用模式。因此除了用户名和密码,唯一验证码也是必不可少的。验证码是以短信的形式发送到用户的手机上,作为用户登录凭证。通过这种方法,其他人即使得到了用户的密码,也无法出示唯一验证码,他们的登录也就会遭到拒绝。

6. 不要犹豫,立刻备份

当涉及云中数据保护时,人们被告知在物理硬盘上进行数据备份时,这听起来可能有些奇怪,但确实是需要用户去做的事。用户应该直接在外部硬盘上备份数据,并随身携带。

7. 完成即删除

为什么有无限的数据存储选择时,我们还要找麻烦去做删除工作呢?原因在于,用户永远不知道有多少数据会变成潜在的危险。如果来自某家银行账户的邮件或警告信息时间太长,已经失去了价值,那么就应该删除它。

8. 注意登录的地点

有时我们在别人的设备上登录的次数,要比在自己的设备上登录的次数多得多。当然,有时我们也会忘记他人的设备可能会保存下我们的信息,从而造成安全隐患。

9. 使用反病毒、反间谍软件

尽管是云数据，但是，如果你的系统存在风险，那么你的在线数据也将存在风险。一旦你忘记加密，那么键盘监听就会获得你的云厂商密码，最终你将失去所有。

10. 保持私密性

永远都不要把你的云存储内容与别人进行共享，保持密码的私密性是必需的，不要告诉别人你所使用的厂商或服务是什么。

（三）云存储

云存储是在云计算概念上延伸和发展出来的一个新概念，它是指通过集群应用、网格技术或分布式文件系统等功能，将网络中大量的各种不同类型的存储设备通过应用软件集合起来协同工作，共同对外提供数据存储和业务访问功能的一套系统。当云计算系统运算和处理的核心是大量数据的存储和管理时，云计算系统中就需要配置大量的存储设备，那么云计算系统就转变成为一个云存储系统，所以云存储是一套以数据存储和管理为核心的云计算系统。

云存储系统的结构模型由四层组成。

1. 存储层

存储层是云存储最基础的部分。云存储中的存储设备往往数量庞大且分布在不同地域。彼此之间通过广域网、互联网或者 FC 光纤通道网络连接在一起。

存储设备上是一个统一存储设备的管理系统，可以实现存储设备的逻辑虚拟化管理、多链路冗余管理，以及硬件设备的状态监控和故障维护。

2. 基础管理层

基础管理层是云存储最核心的部分，同时也是云存储中最难以实现的部分。基础管理层通过集群、分布式文件系统和网格计算等技术，实现云存储中多个存储设备之间的协同工作，使多个存储设备可以对外提供同一种服务，并提供更大更强更好的数据访问性能。

CDN内容分发系统、数据加密技术保证云存储中的数据不会被未授权的用户访问。通过各种数据备份、容灾技术和措施可以保证云存储中的数据不会丢失，保证云存储自身的安全和稳定。

3. 应用接口层

应用接口层是云存储最灵活多变的部分。不同的云存储运营单位可以根据实际业务类型，开发不同的应用服务接口，提供不同的应用服务，如视频监控应用平台、IPTV和视频点播应用平台、网络硬盘应用平台、远程数据备份应用平台等。

4. 访问层

任何一个授权用户都可以通过标准的公用应用接口来登录云存储系统，享受云存储服务。云存储运营单位不同，云存储提供的访问类型和访问手段也不同。

严格来说，云存储不是存储，而是服务。就如同云状的广域网和互联网一样，云存储对于使用者来讲，不是指某一个具体的设备，而是指一个由许许多多个存储设备和服务器所构成的集合体。使用者使用云存储，并不是使用某一个存储设备，而是使用整个云存储系统带来的一种数据访问服务。云存储的核心是应用软件与存储设备的结合，通过应用软件来实现存储设备向存储服务的转变。

六、云计算的发展与现状

21世纪以来，云计算作为一个新的技术已经得到了快速的发展。云计算改变了我们的工作方式，同时也改变了传统的软件工程企业。

（一）行业方向、运营阶段和技术阶段

新技术，如多核CPU、多插槽主板、外围组件互联（PCI）总线技术，代表了计算环境的发展。这些发展在抽象技术之外，也为数字数据呈现指数性增长和互联网全球化的时代提供了更优良的性能和更高的资源利用率。为使用这些资源而设

计的多线程应用程序既要求更高的带宽，又要求底层基础设施提供更高的性能和效率。

几年前，虚拟基础设施经历了几轮发展。基本的虚拟机监控程序技术（虚拟机监控程序/VMM 内核中内置相对简单的虚拟交换机）已经让位于更加精密的第三方分布式虚拟交换机（DVS），如 Cisco Nexus1000V，将虚拟服务器和网络的运营领域融为一体，提供了一致而且集成的策略部署。至于其他用例，如虚拟机的实时迁移，则要求协调（物理的和虚拟的）服务器、网络、存储以及其他依赖项，以实现不间断的服务持续性。能力和功能用在何处需要仔细考虑，不是每个能力和功能都能在虚拟实体上找到理想的实例，因为性能或合规的原则，有些能力和功能可能就是要求使用物理的实例。所以下面我们将看到一个混合模型，在它的架构和设计中，对每个能力和功能都要进行评估，以寻找到理想的位置。

虽然数据中心的性能需求不断增长，但 IT 管理人员一直在寻找办法，努力通过提高当前资源的利用率来限制数据中心的物理扩张。通过服务器虚拟化实现的服务器聚合已经成为一个很有吸引力的选择。利用多台虚拟机，全面利用物理服务器的计算潜力，实现对数据中心转移需求的快速响应。计算能力的这种快速提升与虚拟机环境的使用增长，共同提出了对更高带宽的需求，给支持网络提出了额外挑战。

能耗和电源利用率仍是一些数据中心运营人员和设计师的首要考虑因素。数据中心的设施在设计时就有具体的电源预算，以每机柜多少千瓦（或者每平方米多少瓦）表示。过去几年内，每机柜的能耗和冷却容量一直在稳步增长。服务器数量的增长和电子元件的发展导致能耗呈现指数性增长。每机柜的电源需求制约着数据中心能够支持的机柜数量，即使数据中心仍有富余空间，但也会出现容量不足。

目前有多个指标可以协助判断数据中心的运营效率，这些指标分别适用于不同类型的系统。例如，Cisco 的 IT 部门采用每工作单元电源用量指标，而未使用每端口电源用量,因为后者没有覆盖某些用例。Cisco 的 IT 部门还认识到,仅仅网络一个指标并不能代表整个数据中心的运营情况。这是 Cisco 加入绿色网格组织的原因之一,该组织致力于开发出适合整个数据中心的电源效率测量指标。*The Green GridMetrics: Describing Data Center Power Efficiency* 中详细描述的电源使用效率(PUE)和数据中心效率(DCE)指标,是开始应对这一挑战的途径。典型情况下,数据中心耗电最大、电源效率最低的系统就是机房空调(CRAC)。在本书编写的时候,顶级的数据中心的 PUE 值在 1.2/1.1 左右,而典型的 PUE 值一般在 1.8~2.5 之间。

布线也是典型数据中心运算的重要构成部分。无序的线缆增加会阻塞气流,导致空调解决方案变得复杂起来,从而限制数据中心的部署。全世界的 IT 部门都在寻找创新性的解决方案,好让他们能够经济高效地跟上这种快速增长。

(二)当前影响云/效用计算/ITaaS被采用的障碍

很明显,大众对当前的云产品缺乏信任,这是影响云计算被采用的主要障碍。没有信任,云计算的经济性和更高的灵活性就没有太大的意义。例如,从工作负载安排的角度来看,如果提供的信息不透明,客户如何在成本和风险之间进行评估呢?透明性要求服务定义、审计、责任都有明确的定义。对行业所做的多个调研也证明了这点。Colt 技术服务公司 2011 年对首席信息官(CIO)进行的云调查表明,多数 CIO 认为安全性是影响云服务被采用的一个障碍,这成为支持云服务的一个拦路虎。

Cisco 认为,对云的信任集中在五个核心概念上。这些挑战使商业领袖和 IT 专家夜不能寐,而 Cisco 正在与合作伙伴一起解决以下问题。

1. 安全性问题

是否有足够的信息保障流程和工具可以保障企业数据资产的私密性、完整性和可用性。对多租户的担心、对有效地监控和记录能力的担心以及对安全事件透明性的担心,是客户最关注的问题。

2. 控制问题

在多租户模式和虚拟且不断变换的基础设施上,IT 部门能否保持直接控制和决定如何部署软件、在哪里部署软件、如何使用和销毁软件。

3. 服务水平管理问题

服务是否可靠,即能否得到合适的资源使用记录;能否对资源使用正确测量,并准确收费;每个应用程序能否得到必要的资源和优先级,确保应用程序在云中的运行符合预期容量规划和业务持续性计划。

4. 合规问题

云环境是否符合强制性的管制要求、法律要求、通用的行业要求,如 PCIDSS、HIPAA。

5. 互操作性问题

考虑到目前的公共云实际上都是厂商私有的,可能会出现厂商锁定的风险。今天的互联网在企业界流行起来,部分原因是多穴(multihoming),它能够与拥有不同物理基础设施的多个互联网服务供应商连接,从而降低风险。

想要让人相信云解决方案是真正安全可信的,Cisco 认为这些云解决方案需要一个可靠的底层网络来支持云的工作负载。

为了解决数据中心的一些基本挑战,许多组织已经开始了探索进程,并将这一过程分为不同的运营(合并、虚拟化、自动化等)以及技术阶段(统一交换架构、统一计算等)。

准备采用云服务的组织通常会经历下面这些技术阶段。

(1)采用高可用的宽带 IP 广域网(通过 ISP 或者自建),以实现 IT 服务的集中和合并。将应用程序型的服务放在广域网顶层,以便智能化地管理应用程序的性能。

（2）采用虚拟化策略，进行服务器、存储、网络、网络服务（会话负载均衡、安全应用程序等）的虚拟化，在与位置无关的情况下给予服务实例更好的灵活性，进而使这类服务能够提高对基础设施的利用率。

（3）服务自动化，在变更控制方面实现更高的运营效率，最终为采用更经济的按需服务使用模型铺平道路。换句话讲，就是构建"服务工厂"。

（4）效用计算模型具有按使用量付费的方式对客户进行测量、分摊以及收费的能力。反馈也是一个流行的服务，即能够显示当前的实时服务和配额使用/消费情况，以及未来的趋势。这样客户就能了解并控制他们的IT使用情况。反馈是服务透明性的一个基本要求。

（5）通过公共框架建立新市场，公共框架将治理与服务技术融合，有助于对不同的服务产品和服务供应商的服务进行裁决。

下面将对这五个技术阶段进行详细介绍。

第一阶段：采用高可用的宽带IP广域网。

远程地点之间的高可用宽带IP广域网使得过去分布式（地理上的分布或从组织角度的逻辑分布）的IT服务改为现在的集中式，从而为这些IT资产提供更好的运营控制。

这个阶段面临的限制：许多应用程序都是按照在局域网上运行编写的，不是为了在广域网环境上运行编写的。如果不想重新编写应用程序，比较经济和理想的方法是利用能够感知应用程序的、通过网络部署的服务，为服务的最终使用者提供一致的体验质量。这些服务通常属于应用程序性能管理（APM）类程序。APM包含的功能有对应用程序响应时间的可见性、对应用程序和分支机构带宽使用情况的分析、划分关键任务应用程序优先级的功能。

实现APM所需要的具体功能包括以下几个方面。

（1）性能监控，在网络（事务）和数据中心（应用程序处理）两方面。

（2）报告，如应用程序 SLA 报告要求能够区分监控数据所处的服务环境，以便从预期性能参数或请求性能参数的角度理解这些数据。这些参数源于服务的所有者及其服务合同承诺的条款。

（3）应用程序可见性和控制，应用程序可见性和控制为服务供应商提供了动态的自适应的工具，用来监控和保证应用程序的性能。

第二阶段：采用虚拟化策略，进行服务器、存储、网络、网络服务的虚拟化。

市场上有许多支持服务器虚拟化的解决方案。虚拟化就是创建一个"沙箱"环境，将计算机的硬件从操作系统中抽象出来。对操作系统呈现的是通用的硬件设备，由虚拟化软件将信息传递给物理硬件（CPU、内存、磁盘和网络设备等）。这些"沙箱"环境也称为虚拟机（VM），其中包含了操作系统、应用程序、物理服务器的配置。虚拟机与硬件是独立的，具备很强的移植性，所以能够在任何服务器上实现运行。

虚拟化技术也可以在其他领域使用，如组网和存储。局域网交换中就有虚拟局域网（VLAN）的概念，路由领域则虚拟路由和转发表。存储区域网络拥有虚拟存储网络（VSAN），NFS 存储虚拟化则有 vFiler 等。

但是，所有这些虚拟化都面临着一个代价，即管理的复杂性。由于虚拟资源从物理资源中抽象出来，所以在控制效率，尤其在等式中加入伸缩这一因素之后，现有的管理工具和方法就不适用了。新的管理功能，不论是基础设施组件中隐含的，还是在外部管理工具中公开的，都需要为服务运营团队提供管理业务风险所需的可见性和控制。

基于 IEEE 数据中心桥接（DCB）标准的统一交换架构（Unified Fabric）是一种虚拟化的以太网。但是，这个技术统一了服务器和存储资源之间的连接方式，统一了应用程序交付和核心数据中心服务的提供方式，统一了服务器和数据中心资源之间相互连接以实现伸缩的方式，统一了服务器和网络虚拟化协作的方式。

作为虚拟机使用的补充，数据中心架构引入了虚拟应用程序（vApp），通过在新的虚拟基础设施中实现策略的强制执行,协助管理风险。感知虚拟机的网络服务,如 VMware 的 vShield 和来自 Cisco 的虚拟网络服务,允许向管理员提供能够感知虚拟机的租户所有权的服务,并强制执行服务域的隔离。Cisco 的虚拟网络服务解决方案也能感知虚拟机的位置。而且,这项技术允许管理员将服务策略与虚拟机容器内的应用程序的位置和所有权绑定在一起。

Cisco Nexus 1000V vPath 技术允许进行基于策略的流量"调用"vApp 服务,也称为策略执行点(Policy Enforcement Points,PEP),即使这些服务位于其他物理 ESX 主机上也可以。这是智能服务交换架构(Intelligent Service Fabric,ISF)的开始,在 ISF 中,基于 IP 或 MAC 的传统转发行为被"策略拦截",并根据转发行为实例化服务链。

服务器和网络虚拟化的推动力主要来自物理服务器和网络资产合并以及更高利用率的经济收益。通过 vApps 和 ISF,可以根据需要调用网络上的服务和规划服务,不受传统流量控制方法的设计限制,这种效率上带来的收益再次改善了虚拟化的经济性。

虚拟化,或者说从底层物理基础设施中抽象出来这件事,为新型 IT 服务提供了基础,新型的 IT 服务从本质上进而言更加动态。

第三阶段:服务自动化。

服务自动化与虚拟基础设施密不可分,是交付动态服务的关键驱动因素。从 IaaS 的角度来看,这个阶段意味着使用自动化的任务工作流程——不论是业务任务还是 IT 任务。

传统情况下,因为要依赖基于脚本的自动化工具,成本太高,经济效率低下。脚本的本质就是线性的,更重要的是,脚本将工作流程、流程的执行逻辑和资产紧密地耦合在一起。换句话讲,如果架构师在响应某个业务需求时,需要修改某个 IT 资产、工作流程或者在工作流程步骤/节点中的流程执行逻辑,则必须编写大量的新脚本。这就像是用玩具积木搭起一堵墙，最后将所有的部分都用胶水粘在一起，很多时候，比起在旧墙中替换或改动一些砖块，建一堵新墙会更容易，也更便宜一些。

两个重大发展让服务自动化变成更加经济、可行的选择。

基于标准的 Web API 和协议有助于减少集成的复杂性，重用能力也有助于降低成本。

可编程的工作流程、工具流程、流程的执行逻辑从资产解耦/抽象出来。现代的 IT 编排工具，如 Cisco 的 Enterprise Orchestrator、BMC 的 Atrium Orchestrator，允许系统设计师修改工作流程（包括调用和管理并行任务），插入新的工作流程步骤，或者通过可重用的适配器修改资产，无须一切从头开始。还是用高墙去比喻，这种情况下，墙的每一个砖块都可以很容易地更换，不需要建一座新墙。

值得注意的是，如果要想让可编程服务自动化取得成功，还必须有第三个组成部分，即智能化的基础设施。通过这个基础设施，可以将底层设备配置语法的复杂性通过北行系统（Northbound System）管理工具抽象出来。这意味着上层管理工具只需要知道策略的含义。

一个实际的例子就是 Cisco 统一计算系统（UCS），它通过基于事务的单一富 XMLAPI（也支持其他 API）公开了它的单一数据模型。这个 API 支持对物理计算层进行策略驱动的使用。为此，UCS 通过应用程序网关在它的 XML 数据模型和底层硬件之间创建了一层抽象，由应用程序网站对策略语义进行必要的转换，在硬件组件上进行状态修改，如 BIOS 设置。

第四阶段：效用计算模型。

这个阶段加入了监视、测量、跟踪资源的使用情况，以实现云计算的分摊和收费。它的目标是实现服务的自主提供（对计算资源按需分配），实际上就是将 IT 变成了公用服务。

在任何 IT 环境中，掌握资源的分配和使用情况都至关重要。测量这些资源并进行性能分析，从而实现成本效率、服务一致性，并提供后续需要的趋势预测、容量管理、阈值管理（服务水平协议，SLA）以及根据使用情况分摊费用等功能。

在今天的许多 IT 环境中，专用物理服务器及其相关的应用程序，以及维护和许可证的成本，都可以分摊到使用它们的部门身上，因此这类资源的收费相对比较简单。而在共享的虚拟环境中，实时计算每个使用者的 IT 运营成本则是一个亟待解决的挑战性问题。

按使用量付费，即根据服务的使用和消费情况对最终客户收费，公用事业、无线电话供应商之类的企业一直使用这种收费方式。因为 IT 部门要在基础设施、应用程序和服务上降低成本，按使用量付费在企业计算中日益获得接纳。

IT 领导团队实施效用平台时首要考虑的是：如果按使用量付费的承诺正在促进云服务的采用，那么服务的供应商如何跟踪服务的使用情况并根据使用情况计费呢？

IT 供应商经常为收费解决方案的度量指标苦恼，因为这些指标均不能十分正确地表达指定服务使用的所有资源。对任何分摊解决方案来说，首要目标都要求对基础设施有一致的可见性，以便度量每个用户的资源使用情况，度量指定服务的服务成本。而现在需要结合多个解决方案，甚至开发自定义解决方案才能进行度量。

这样不仅需要投入前期成本，从长期来看，效率也不高。如果每增加一个服务或基础设施组件，IT 供应商都要向度量系统中加入新功能，那么 IT 运营商很快就会被这项工作所压垮。

虚拟聚合的基础设施及其关联抽象层的动态本质，虽然对 IT 运营有利，却增加了度量的复杂性。理想的分摊费用解决方案应该能够帮助企业将聚合基础设施上提供的服务和发生的成本真正分摊开来。

度量和分摊费用通常有以下商业目标。

（1）根据业务单元或客户来报告资源的分配和使用情况。

（2）开发一个准确的服务成本模型，将使用率分摊到每个用户。

（3）提供一个方法以管理IT需求、帮助进行容量规划、容量预测及预算安排。

（4）在合适的SLA性能基础上进行报告。

分摊和收费要求执行三大步骤。

第一步，收集数据。

第二步，分摊仲裁，即将从不同系统组件收集到的数据汇总成服务拥有者客户的一条收费记录。

第三步，收费和报告，即在收集到的数据上应用定价模型，定期生成收费报表。

第五阶段：通过公共的框架建立新市场。

根据主流经济学的观点，市场的概念指的是允许买卖双方交换任何类型的商品、服务以及信息的结构。以金钱（共同认可的交换媒介）为标的交换商品或服务构成了交易。

要想建立一个将IT服务当成任意交换的日用品来交换的市场，市场的参与者需要就公共服务的定义达成一致，或者在技术定义和业务定义上有一套共同的体系。市场参与者之间就流程和治理方式达成一致是必需的，将不同供应商/创作者的服务组件"混合"在一起来提供端对端服务的时候更是如此。

具体来讲，一个服务有两个方面。

（1）业务方面：业务方面对技术来说是必需的，而技术方面对于交换和交付是必需的。业务部门需要产品定义、关系、担保和定价等。

（2）技术方面：技术方面需要履行、保障和治理等方面。

市场上会有不同的参与者分别承担不同的角色和角色组合，会有交换供应商

（也称为服务聚合商或云服务中介）、服务开发人员、产品生产商、服务供应商、服务零售商、服务集成商，以及最终消费者（甚至生产使用者）。

（三）数据中心设计的发展

首先，我们来考察第 2 层物理拓扑（第 2 层物理拓扑，即 OSI 参考模型中第 2 层的网络拓扑，称为链路层网络拓扑。网络拓扑发现是网络管理的基本工作，从底层看是交换机之间的连接关系。只有物理拓扑才能准确地定位网络中的故障，精确地测定某个位置的性能和状态）和逻辑拓扑的发展。由左至右，从数据中心功能层的活动接口数量可以看到物理拓扑的变化。这个发展对支持目前和未来的服务用例来说是必需的。

虚拟化技术和集群解决方案目前都要求使用第 2 层的以太连接才能正常发挥功能。随着这类技术在数据中心的使用日益增多，现在要在不同的数据中心地点之间从高度可伸缩的第 3 层网络模型转移到高度可伸缩的第 2 层模型。这种转变给管理大型第 2 层网络的技术带来了一些变化，包括从使用生成树协议（STP）作为主要环路管理技术迁移到新技术，如 vPC 和 IETF 的 TRILL（Transparent Interconnection of Lots of Links，大量链路的透明互联）。

在早期的第 2 层以太网络环境中，必须要开发出相关协议和控制机制来控制网络拓扑环路的灾难性后果。STP 是这一问题的主要解决方案，它为第 2 层以太网络提供了环路检测和环路管理功能。这个协议已经有了许多增强和扩展，虽然现在已经能够处理非常庞大的网络环境，但仍有一个不太优化的原则：如果要破坏网络环路，则不论在网络中实际可能存在多少连接，两个设备之间只允许有一个活动路径。虽然 STP 对解决第 2 层网络的冗余来说是一个强大而且可伸缩的解决方案，但只允许单个逻辑链路这件事会造成以下两个问题：一是可用的系统带宽中有一半（甚至更多）不能用来传输；二是活动链路发生故障时，由于网络需要重新计算在第 2 层网络上进行网络转发的"最佳"解决方案,会导致在全系统范围内出现长达数秒的数据丢失。

虽然对 STP 的增强降低了重新发现过程的开支,使第 2 层网络可以更加迅速地重新聚合起来,但对某些网络来说,中间的延迟仍然太长。另使用 STP 进行环路管理时,仍缺乏一种高效的机制可以充分利用健康网络中的全部可用带宽。

对第 2 层以太网络早期的一个增强是端口隧道技术(现在已经标准化成 IEEE802.3 的 Port Channel 技术),在这项技术中,两个参与设备之间的多个链接可以使用两台设备之间的全部链路转发流量,内部使用的一种负载均衡算法可以在可用的交换机互联链路间平衡流量,同时将这些链路捆绑成一个逻辑链路,以便管理环路的问题。这个逻辑结构可以防止远程设备将广播帧和单播帧转发回逻辑链接,从而打破网络中实际存在的环路。端口隧道技术还有另外一个重要的好处:能够在不到一秒的时间内就解决链路丢失问题,解决过程中没有流量损失,对于活动的 STP 拓扑也没有影响。

传统的端口隧道通信只能在两台设备之间建立端口隧道。在大型网络中,通过为多台设备提供支持,以提供某种硬件形式的故障备用路径,通常在设计上是一项基本要求。备用路径的连接方式通常会形成环路,也就是端口隧道技术的优劣限制到了单一路径上。为了克服这个限制,Cisco 的 NX-OS 软件平台提供了称作虚拟端口隧道(virtual Port Channel,vPC)的技术。虽然充当 vPC 对等端点的一对交换机对连接到端口隧道的设备来说看起来就像一个逻辑实体,但充当端口隧道逻辑端点的仍然是两台独立的设备。这个环境结合了硬件扎实的优势和端口隧道环路管理的好处。而转移到全部基于端口隧道进行环路管理的另一大优势是:链路的恢复速度会非常快。STP 从链路故障恢复大约需要 6 秒,而全部基于端口隧道的解决方案能够做到在 1 秒之内完成故障恢复。

虽然 vPC 不是提供这个解决方案的唯一技术，但相比之下，其他解决方案总是有许多效率不高的地方，从而削弱了它们的实用性，尤其是在密集的高速网络的核心层或分布层中使用时。所有多机箱端口隧道技术在充当端口隧道端点的两台设备之间仍然需要直接链路。这个链路的带宽通常要比连接到端点对的 vPC 的聚合带宽小许多。Cisco 技术通过专门的设计将这个 ISL 的用途限定在交换管理流量以及偶尔来自故障网络端口的流量。其他厂商的技术在规模上极为有限，因为它们需要使用 ISL 来控制流量，消耗了几乎对等设备数据吞吐率的一半。对小的环境来说，这种做法可能合适，但对可能存在几 TB 数据流量的大数据环境来说，这种做法就非常不明智了。

IETF 的 TRILL 是基于第 2 层拓扑的新功能。通过 Nexus 7000 交换机，Cisco 已经支持了 TRILL 成为标准前的一版协议，称为 FabricPath，使客户在 IETF TRILL 标准流行之前就能从这项协议受益（为了让 Nexus 7000 交换机从 Cisco FabricPath 迁移到 IETF TRILL 协议，已经计划了一个简单的软件更新进程。换句话讲，不需要进行硬件升级）。一般将 TRILL 和 FabricPath 称为"第 2 层多路径"（Layer 2 Multi-Pathing, L2MP）。

L2MP 对于运营有以下好处。

在第 2 层 DC 网络上支持第 2 层多路径（最多 16 个链路）。这为客户机到服务器（北到南）、服务器到服务器（西到东）流量都提供了更大的跨区域带宽。

提供了内置的环路防止和缓解机制，无须使用 STP。这一措施会显著降低 STP 这类不以拓扑为基础的协议的日常管理和故障排除工作的运营风险。

为未知的单播、正常的单播、广播和多播流量提供单一的控制。

更大的 OSI 第 2 层域增强了 FabricPath 网络的移动性和虚拟化。由于需要配置和管理的服务依赖项更少，所以有助于简化服务自动化工作流程。

（四）数据中心网络服务和结构的发展

1. 数据中心网络 I/O 的虚拟化

从提供方的角度来说，向聚合 I/O 基础设施结构的转移是网络技术当前发展的自然结果，现在一个结构就拥有足够的吞吐量、足够低的延迟、足够的可靠性，而且成本足够低，对数据中心网络来说，这是一个经济可行的解决方案。

从需求方的角度来说，多核 CPU 在虚拟计算基础设施发展中的普及，增加了对数据中心访问层的 I/O 带宽的需求。除了带宽，虚拟机的移动性也对服务依赖项提出了灵活性的要求。统一 I/O 基础设施结构支持将覆盖服务（Overlay Service）抽象出来，从而支持灵活性要求的架构原则，即"连线一次，任何协议，任何时间"。

从策略的执行角度来看，在虚拟网络基础设施和物理组网之间的抽象，会对服务流量的端到端控制带来挑战。虚拟网络链路（Virtual Network Link，VN-Link）是 Cisco 提供的一套基于标准的解决方案，这个解决方案支持基于策略的网络抽象将虚拟网络策略域和物理网络策略域重新组合在一起。

Cisco 及行业内的其他主要厂商编制了一个 IEEE 标准方案，用以解决虚拟环境中的组网挑战。形成的标准体系是 IEEE 802.1Qbg 的边际虚拟桥接（Edge Virtual Bridging）和 IEEE 802.1Qbh 的桥端口扩展（Bridge Port Extension）。

数据中心桥接（Data Center Bridging，DCB）架构的基础是 IEEE 802.1 工作组开发的一组开放标准的以太网扩展，它可以提高和扩展数据中心以太网的组网功能和管理能力。它可以确保在不丢包的结构上顺利进行传输，并将 I/O 聚合成统一的结构。这个架构的每个元素都能增强 DCB 实现，创建满足数据中心当前和未来需求的架构。

IEEE DCB 在传统以太网优势的基础上添加了几项关键的扩展，提供了数据中心网络的下一代基础设施，形成了统一交换架构。下面将逐一介绍 DCB 架构构建能够满足当今日益增长的应用程序需求，以及响应数据中心未来网络所需的强大以太网络的主要功能。

支持链路共享的基于优先级的流控制（PFC），这对 I/O 聚合至关重要。链路共享要获得成功，一种流量类型的巨大突发不得影响其他流量类型，来自一种流量类型的巨大流量队列不得争抢其他流量类型的资源，而且针对一种流量类型的优化不得造成少量其他流量类型消息的高延迟，所以可以使用以太网的暂停机制来控制一种流量类型对另外一种流量类型的影响。PFC 是对暂停机制的增强。PFC 支持根据用户的优先级或服务的类型进行暂停。一条物理链路被分成 8 个虚拟链路，使用 PFC 能够在单一虚拟链路上使用暂停帧，并且不影响其他虚拟链路上的流量（传统的以太网暂停选项会将一条链路上的全部流量都停止）。基于用户优先级的暂停允许管理员为要求不丢包的服务创建没有丢失的链路，如光纤通道以太网（Fibre Channel over Ethernet，FCoE），并保持对 IP 流量的丢包拥塞管理。

同一 PFC 类内的流量可以组合在一起，同时在每一组内分别对待。ETS 可以根据带宽分配、低延迟划分优先级或尽力处理，从而形成在每一组内的流量类型划分。对虚拟链路的概念进一步扩展开来，网络接口控制器（NIC）也提供了虚拟接口队列，每类流量一个队列。每个虚拟接口队列各自负责给它的流量组分配的带宽，但组内拥有动态管理流量的灵活性。例如给 IP 类流量的虚拟链路 3（共 8 个）指派高优先级，IP 类流量指派尽力处理，虚拟链路 3 类按预定比例与其他流量类共享总体链路。ETS 支持对同一优先级类型的流量进行区分，形成优先级分组。

除了 IEEE DCB 标准，Cisco Nexus 数据中心交换机还有 FCoE 多跳功能和无损结构等方面的增强，支持统一交换架构（Unified Fabric）的构建。

为了避免混淆，要注意聚合增强以太网（Converged Enhanced Ethernet，CEE），这个术语是由"CEE 发起人"定义的。这是个临时性组织，由 50 余名开发人员所组成。这些开发人员来自各类网络公司,这些公司在 IEEE 802.1 工作组完成 DCB 标准之前向 IEEE 提交了标准预备方案。

FCoE 是光纤通道组网和小型计算机系统接口(SCSI)块存储连接模型的下一步发展。FCoE 将光纤通道映射到第 2 层以太网,允许将局域网流量和 SAN 流量组合到一个链路内,允许 SAN 用户充分利用以太网的规模经济性以及路线图。局域网流量和 SAN 流量在一条链路上的组合,称为统一交换架构(Unified Fabric)。统一交换架构消除了适配器、网线、设备,可以延长数据中心的寿命。FCoE 提供的标准服务器 I/O 提高了进行服务器虚拟化的动力。标准服务器 I/O 支持局域网以及所有基于以太网的存储组网方式,消除了数据中心的特殊网络需求。开发 FCoE 标准的行业主体与创建、维护所有光纤通道标准的主体是相同的标准主体。FCoE 在 INCITS 之下,被编定为 FC-BB-5。FCoE 是革新性的技术,它与现有的光纤通道兼容,只在功能上做了发展。FCoE 可以分阶段实现,不破坏目前已安装的 SAN。FCoE 只是在以太网上为完整的光纤通道帧建立了隧道。通过帧的封装和解封装策略,帧在 FCoE 和光纤通道端口之间的迁移没有额外开支,从而与现有的光纤通道建立起连接。

2. 网络服务的虚拟化

应用程序的网络服务,如负载均衡器、广域网加速器,已经是现代数据中心不可或缺的组成部分。第 4~7 层的服务可以提供服务的伸缩性,提高应用程序性能,提高最终用户的生产率,通过优化资源利用率来降低基础设施成本,并能监视服务的质量。它们还提供安全服务,即策略执行点(PEP),如防火墙和入侵检测保护系统与其他控制机制和强化过程一起,在聚合的数据中心和云环境中将应用程序和资源隔离开来,确保实现合规性并降低风险。

但是,在虚拟数据中心部署第 4~7 层服务是一个极为艰苦的任务。传统的服务部署方式完全不适合伸缩性极高的虚拟数据中心设计,后者的工作负载是移动性的,网络是动态的,并且有严格的 SLA。仅安全一项必备服务就被频繁地当成企业采用节约成本的虚拟化和云计算架构的最大挑战。

Cisco Nexus 7000 系列交换机可以根据业务需要划分为多个虚拟设备,这些划出来的虚拟交换机称为虚拟设备上下文(Virtual Device Context,VDC)。配置出来的每个 VDC 对连接到这个物理交换机上的每个用户来说,都是单独的一台设备。因此 VDC 能够真正实现网络流量的分段,实现上下文级别的故障隔离,并建立独立的硬件分区和软件分区来进行管理。VDC 在交换机内作为独立的逻辑实体运行,维护自己的一套运行软件进程,有自己的配置,由独立的管理员管理。

VDC 具有以下可能用例。

① 为多个部门的流量提供安全的网络分区,允许部门独立地管理和维护它们自己的配置。

② 消除数据中心原有的众多层次,在资产开支和运营开支上降低总体成本,提高资产利用率。

③ 在生产网络中,可以在隔离的 VDC 上测试新的配置选项或连接选项,这可以大大节省服务部署的时间。

(五)数据中心内的多租户

数据中心内的多租户是指能够在许多利害关系人和客户之间共享单个物理和逻辑基础设施组的功能。这不是什么革命性的内容,像多协议标签交换(Multi-Protocol Label Switching,MPLS)技术,很早就在广域网(WAN)中建立了出色的将不同客户隔离开的运营模型。因此,数据中心的多租户模型只是对现有成熟范式的发展,只是增加了一些技术,如 VLAN、虚拟网络标签(VN-Tag)与虚拟网络服务结合。

除了多租户，架构师还要考虑到如何提供多层应用程序及相关的网络设计和服务设计，包括从安全角度考虑的多区域功能。换句话说，要构建安全的、功能正常的服务，架构师要考虑多种功能需求。

这里的挑战是要能将必需的服务组件串在一起，构成一个交付端到端服务属性的服务链（法律上由服务水平协议 SLA 规范化），而这也正是最终客户所期望得到的。这项工作必须在应用程序分层设计和安全分区需求的上下文环境内完成。

20 世纪 80 年代，针对理论物理学中格点规范的繁重计算，有人提出将各地的计算机主机联网进行协同计算，那时的网络是指早期的 DECnet。随着 Internet 的迅速发展，21 世纪初高能物理等领域科学计算的需求促进了网格技术的诞生，就像 WWW 网站实现了全球的信息资源共享一样，网格技术可以实现全球范围的计算机 CPU、存储能力与数据等资源的共享，从而使"CPU 与存储资源可以像自来水与电力一样使用"的设想变成了现实。

网格计算有着强大的生命力，这自然会让人想到其在商业与社会的各个领域中的应用，但是安全问题导致这种商业应用迟迟未能实现。直到近些年，它才以"云计算"的形式实现面世。云计算概念的出现立即掀起了商业推动的热潮，它所提供的服务可能是强有力的，但安全问题依然是其应用过程中的最大障碍。可以说网络的双刃剑从来没有像今天这样锋利。

云计算时代，互联网的安全防范在某些方面被改善，在某些方面却被弱化了。例如，用户端的安全维护可能得以简化，但集中的"云"端承受着更大的安全威胁。云计算服务能否实现对信息安全事件的应急处理依然是许多专家没能说清楚的。

我国正在推动信息化与云计算的发展，终极目标应该与增强国民经济、科研教育和国家安全紧密结合起来。有志者事竟成，但如果我们对云计算自身的安全保障仍然是滞后的，甚至对可能的网络安全威胁估计不足，那么我们云计算的基础设施所承载的风险将是灾难性的，其结果只能是事倍功半。

（六）云计算的演变

为了理解什么是云计算及什么不是云计算，了解这种计算模式的演变过程是很重要的。阿尔文·托夫勒在其名作《第三次浪潮》（*The Third Wave*）中写道，文明以浪潮的方式进步（三次浪潮分别为农业社会、工业时代、信息时代），每波浪潮中又有几个重要的子波。在如今的后工业化信息时代，很多人认为人类正处于云计算时代的开端。

在尼古拉斯·卡尔所著的《IT 不再重要：互联网大转换的制高点——云计算》中，卡尔讨论了与工业时代的重要变革十分类似的信息变革。具体来说，卡尔把信息时代云计算的诞生视为与工业时代电力的出现同样重要。在过去，机构需要为自己提供能源供应（通过水车、风车），随着电力的出现，机构不再需要自身供应能源，而是接入电力网络中。卡尔认为云计算也是信息技术中同样的变革。当前机构需要自身提供计算资源（能源），而在将来，机构可以接入云计算（计算网格）中以获得所需的计算资源。正如卡尔所提出的，"到最后由于使用这些实用工具而节约的开销将会令人无法抗拒，即使是大企业也是一样。计算网格便从此胜出了"。他著作的第 2 部分讨论了"生活在云计算里"及云计算所带来的益处。

卡尔不仅提出了云计算是有益的，他对这些益处的表述可能也是目前为止最清晰的。他专门集中讨论了云计算带来的经济效益，但却没有谈及这个巨大转变相关的信息安全问题。

起初（ISP 1.0），互联网服务提供商发展迅猛，为组织和个人提供互联网接入。这些早先的互联网服务提供商仅仅为用户和小企业提供互联网的接入，往往是提供通过电话拨号的上网服务。随着互联网接入商品模式化，互联网服务提供商发展壮大并寻找其他的增值服务，如通过其设施提供电子邮件应用以及对服务器的访问（ISP 2.0）。这种形式很快衍生出为组织（用户）的主机服务器而特别定制的设施，以及用以提供支持的基础设施和在上面运行的应用程序。这些特别定制的设施称为托管设施(ISP 3.0)。这些设施是一类可供多个用户安置其网络、服务器及存储设备,并以最小的代价和复杂度实现了与相当多的电信及其他网络服务提供商之间的交互功能的数据中心。随着托管设施的激增及商品化,接下来演化到应用服务提供商(ASP)形式。这种形式(ISP 4.0)不仅提供计算的基础设施,还集中为组织提供定制应用这样的高增值服务。应用服务提供商通常拥有并运行他们所提供的软件程序以及所需要的基础设施。

尽管应用服务提供商(ASP)在云计算的服务交付模式(软件即服务)上可能有相似性,在服务的提供及业务模式上却有重大不同。虽然应用服务提供商通常为众多用户提供服务(就像如今的 SaaS 提供商),但这些服务是通过专用的基础设施实现的。也就是说,每个用户都有其专用的应用程序实例,而这些实例也通常运行在专用的主机或者服务器上。SaaS 提供商和应用服务提供商的显著区别在于 SaaS 提供商提供的应用程序接入在共享的基础设施上,而并非在专用的基础设施上。

SaaS 既是软件即服务也是安全即服务的缩写。

云计算(ISP 5.0)定义了 SPI 模式,也就是公认的几种交付模式:软件即服务(SaaS)、平台即服务(PaaS),以及基础设施即服务(IaaS)。

随着对云计算的关注和宣传,越来越多的企业都宣称其业务是基于"云计算"的,或声称运行在"云计算"中。不仅如此,云计算带来的变革目前还在进行中。类似地,一些计算组织通告了他们为推动云计算的某些层面所做的工作。这类组织有的是早先成立的,有的是新近成立的,也就是随着云计算这种新的计算模式的出现而诞生的组织。很多其他组织也对云计算做出了贡献,如分布式管理任务组(DMTF)、美国信息技术协会、Jericho 论坛等。

云计算是个新兴的快速发展的模式,新的内容和功能正在不断涌现。尽管笔者将在后面章节中对云计算的这些相关方面进行全面和及时的分析,但无疑依然会存在某些未涉及的方面,或者某些内容已经发生了变化。

云计算的宗旨是使我们利用计算、服务和应用这些计算机资源像使用一种公共设施那样方便快捷，需要资源或者服务的时候，都能唾手可得。

云计算的重要组成部分是计算中心和数据中心，云计算这种商业模式对我们来说是全新的形式。通过实施一系列技术包括WEB2.0、SOA和虚拟化等，使之形成新型计算平台，这个计算平台是分布式的。云计算平台通过高速互联网提供给企业用户或者个人用户想拥有的计算能力，这样就避免了硬件的大量浪费。从平台的层面来描述，云计算仅是一个流行术语。同时云计算还是一种强大的应用程序，其前提是要经过扩展后方可在互联网上进行访问。这样的云应用程序是通过将Web7 Service和Web应用程序等托管给强劲的服务器和大型数据中心来实现运行的。云计算的应用（包括运行网络应用程序与网络服务）依靠通过使用功能强劲的服务器和大规模的数据中心来实现。任一用户要想访问一个云计算应用程序都需要满足两个条件：一是找合适的互联网，通过它来接入设备；二是找一个标准的浏览器。

云计算是多种技术相互融合的产物，它的发展十分迅速。许多公司都建立起了自己的云计算平台。

一些相关的机构和权威专家已经预见，在接下来的几年里，云计算产业仍将保持着高速发展的态势，并波及信息通信产业，全世界范围内将迎来信息通信产业的又一个春天。

近年来，全世界日益增多的信息技术产业大客户陆续跻身于云计算的服务当中，随之而来的是云计算技术的转变，这个转变从最开始的完全抽象的期望转变成了当今全世界的企业发展的必由之路。与此同时，云计算技术的不断发展、完善也给我国整个信息技术行业的发展带来了巨大的机遇和挑战。

云计算的海量数据存储和分布计算，为云计算环境下的海量数据挖掘提供了新的方法和手段，有效解决了海量数据挖掘的分布存储和高效计算问题。通过开展基于云计算特点的数据挖掘方法的研究，可以为更多、更复杂的海量数据挖掘问题提供新的理论与支撑工具。而作为传统数据挖掘向云计算的延伸和丰富，基于云计算的海量数据挖掘将推动互联网先进技术成果服务于大众，促进信息资源深度分享和可持续利用的新方法、新途径。

第二节　云计算与网格计算

网格计算是利用互联网地理位置相对分散的计算机组成一个"虚拟的超级计算机"，其中每一台参与计算的计算机就是一个"节点"，而整个计算是由数以万计个"节点"组成的"一张网格"，网格计算是专门针对复杂科学计算的计算模式。网格计算模式的数据处理能力超级强大，使用分布式计算，充分利用了网络上闲置的处理能力，网格计算模式把要计算的数据分割成若干"小片"，而计算这些"小片"的软件通常是预先编制好的程序，不同节点的计算机根据处理能力下载一个或多个数据片段进行计算。

云计算是从网格计算发展演化而来的，网格计算为云计算提供了基本的框架支持。网格计算关注于提供计算能力和存储能力，云计算侧重于在此基础上提供抽象的资源和服务，两者具有如下相同点。

（1）都具有超强的数据处理能力，都能够通过互联网将本地计算机上的计算转移到网络计算机上来获得数据或者计算能力。

（2）都构建自己的虚拟资源池且资源及使用都是动态可伸缩的，服务可以被快速方便地获得，某种情况下甚至是自动化的；可通过增加新的节点或者分配新的计算资源来增加计算量；根据需要分配和回收CPU和网络带宽；根据特定时间的用户数量、实例的数量和传输的数据量调整系统存储能力。

（3）两种计算类型都涉及多层组和多任务，即很多用户可以执行不同的任务，访问一个或多个应用程序实例。

可以看出云计算和网格计算有着很多相同点,但它们的区别也是明显的,其不同点如下所述。

(1)网格计算重在资源共享,强调转移工作量到远程的可用计算资源上,而云计算则强调专有,任何人都可以获取自己的专有资源。网格计算侧重并行的集中性计算需求,并且难以自动扩展;云计算侧重事务性应用,大量的单独请求可以实现自动或半自动的扩展。

(2)网格构建是尽可能地聚合网络上的各种分布资源,来支持挑战性的应用或者完成某一个特定的任务需要。它使用网格软件,将庞大的项目分解为相互独立的、不太相关的若干子任务,然后交由各个计算节点进行计算。云计算一般来说都是为了通用应用而设计的,云计算的资源相对集中,主要以 Internet 的形式提供底层资源的获得和使用。

(3)对待异构理念不同。网格计算屏蔽异构系统使用了中间件,力图使用户面向同样的环境,把困难留在中间件,从而让中间件完成任务。实现跨组织、跨信任域、跨平台的复杂异构环境中的资源共享和协同解决问题。云计算是不同的服务采用不同的方法对待异构性,一般用镜像执行或者提供服务的机制来解决异构性的问题。

网格和云的差异表现在很多方面,下面着重从体系结构、资源管理和编程模型三个主要角度对它们进行详细的比较。

一、体系结构

由于高性能计算资源价格昂贵且难以获取,诸多用户迫切希望能够有效地使用分散在各地的计算资源(也称联合资源,主要包括计算、存储和多个分散在各地的研究机构的网络资源)。而这些资源的安全管理通常是异构的和动态的,这就需要一种新的技术来对这些资源进行管理,网格计算由此诞生。网格首先对现有资源及其硬件、操作系统、本地资源管理和安全基础设施等进行技术整合，然后通过资源共享的计算机网络实现对这些资源的合理分配和调度。用户通过网格可以获得只有超级计算机和大型专用集群才能提供的计算能力，因此网格计算通常被用来解决大规模的计算问题。

网格是由一套标准协议、中间体、工具包和建立在这些协议之上的服务组成的。在网格协议体系结构中，网格提供了五个不同层次的协议和服务。在物理层上，网格提供了访问计算、存储和网络资源等不同资源的代码库。连接层为网络上的安全交易定义了核心通信和认证协议。资源层定义了对个别资源共享操作的协议，这些协议包括资源的发布、资源的发现、资源的监控、资源的统计和支付费用等。收集层是指对资源集合和目录服务之间进程相互作用的捕捉。应用层包括建立在协议、API接口和虚拟组织环境下的用户应用程序。

与网格不同，云的开发是用于解决基于互联网的规模计算问题的，其中的一些假设也不同于传统的网格问题。云通常被称为可以通过一个抽象的接口协议访问的计算和存储的资源池。云可以建立在webservice的许多现有协议和一些先进的Web2.0技术之上。实际上云的实施已经转变为对现有网格技术的扩展。近年来，人们利用这种方式取得的成果远远超过了过去10年在云的标准化、安全性、资源管理和虚拟化技术等方面的努力。

云计算定义了四层架构：物理层、统一资源层、平台层和应用层。物理层包括计算资源、存储资源和网络资源等基本硬件资源。统一资源层包括被抽象和封装的资源（通常是由虚拟化实现的），它们能够作为一个整合资源被其上层和最终用户访问。平台层是增加了专门的工具集、中间件和建立在统一资源层上的服务，并能向外提供开发和部署的平台。最后，应用层包括在云上运行的应用程序。

一般云计算平台分为三个层次，分别是软件即服务层（SaaS）、平台即服务层

（Paas）和基础设施即服务层（IaaS）。有些供应商也可以根据用户的需求提供超过一个层次的服务。基础设施即服务规定的硬件、软件和设备，大多数是在同一资源层（也包括部分物理层），它可以提供以资源使用情况为基础的定价软件应用服务。

基础设施的规模可以随着应用程序的资源需求向上或向下动态改变。平台即服务提供了一个搭建、测试和部署自定义应用程序的高级别的集成化环境。软件即服务是一种基于使用的价格模式，消费者通过互联网远程获取所需要的特殊用途的软件。虽然云提供了三个不同层次的服务，但是这些不同层次之间的接口标准仍然没有确定下来，这一问题将直接导致云之间的互操作困难。

二、资源管理

以下将对网格和云中的资源管理进行详细比较，主要包括计算模型、数据模型和虚拟化三个层面。

（一）计算模型

大多数网格均使用批处理调度计算模型软件，即本地资源管理器（LRM）。例如，使用PBS、Conder、LSF管理网格计算中的站点资源。用户通过提交批处理作业来申请在某一段时间内的计算资源。许多网格制定的调度策略能够对批处理作业进行用户识别和认证，以确定作业运行的数量、安全性、所需要的处理器数目及所分配的运行时间。云计算模型使云资源能被所有用户在同一时间内共享，这一点与网格计算中专用资源受排队系统支配的原则有很大的不同，而且云模型允许延迟敏感的应用程序操作云本身。虽然云能向最终用户提供良好的服务，但是云规模的扩大和用户数量的增长很可能成为云计算未来所面临的重大挑战。

（二）数据模型

云数据主要通过互联网实现共享和使用，因此其安全性也是一个不容忽视的问题。因此虽然有学者指出未来的互联网计算将是以云计算为主导和核心的计算模式，其中存储、计算和其他种类的资源将主要通过云的方式提供。但是从数据安全的角度考虑，下一代互联网计算可能会呈现三角模型：互联网计算将集中围绕数据、云计算及客户端计算三者进行，云计算和客户端计算将会共存并携手共进。随着数据密集型应用的增多，数据管理（映射、分区、移动、高速缓存、复制）对云计算和客户端计算而言将变得越来越重要。

（三）虚拟化

虚拟化几乎成了每个云不可缺少的基本成分，最重要的原因是它实现了对各种资源的抽象和封装。云需要运行多个（有时甚至高达数千或数百万个）用户应用程序。对用户而言，所有的应用看上去好像在同时运行，并且可以使用所有云中的可用资源，这是因为虚拟化为其提供了必要的抽象。它可以把原始计算、存储和网络资源这样的基本结构统一为一个资源池。资源重叠（如数据存储服务、Web主机环境）都可以建立在它们之上。虚拟化也使每个应用程序被封装，并且可以配置、部署、启动、迁移、暂停、恢复和停止等，并提供更好的安全性、可管理性和独立性。一个虚拟化的基础设施可以认为是一种IT资源到商业需求的映射。

与云相比，网格并不依赖于虚拟化，并且由于批处理调度系统的策略原因，使得网格不需要虚拟化便可以使每个个体组织维护和控制自己的资源。

如今，虚拟化已经成为一项技术必需品，且因为合理的理由，这一趋势仍在持续发展着，因为在实施虚拟化之后，可以获益颇多。例如，按需访问服务器、网络和存储资源；节能环保，实现绿色地球；减少占用物理空间；节省难以发现的人力资源；削减资产成本和运营成本。下面笔者将对虚拟化进行详细介绍。

虚拟化用于创建操作系统、计算设备（服务器）、存储设备或网络设备等资源的虚拟版本。服务器虚拟化打破了一台物理服务器只能运行一个操作系统的传统模式，而是采用虚拟机监控程序技术在一台物理服务器上创建多台虚拟机。云计算和虚拟化的概念经常互换使用，但混淆两种概念是不正确的。例如，服务器虚拟化提供了支持云计算所需的灵活性，但这并不能使虚拟化等同于云计算。多种支撑技术才能实现云计算，虚拟化不过是其中的一种技术；而且，对云计算来说，虚拟化并非是必需品。

我们很难定义虚拟化，因为它包括很多方面。通常，虚拟化具有一对多或多对一的两面性。在一对多方式中，虚拟化支持用一个物理资源创建出多个虚拟化资源。这种虚拟化允许数据中心最大化地利用其资源。承载应用的虚拟资源被映射到物理资源中，从而实现服务器资源更高的利用率。

在多对一方式中，虚拟化支持从多个物理资源中创建一个虚拟(逻辑)资源。这种情况在云计算中尤为常见：多个物理资源组合在一起，构成一个云。正如先前所述，虚拟化并不是云，它只是建立和管理云的一项支撑技术。此处的虚拟化指的是操作系统的虚拟化，如由 VMware、Xen 或其他基于虚拟机监控程序的技术提供支持。在 Cisco 的云概念中对虚拟化的概念进行了扩展，将各种类型的虚拟化囊括在内，如网络、计算、存储及服务。

可以将虚拟化定义为一个抽象层，它可以存在于整个 IT 堆栈或其中的某个部分中。换句话说，从数据中心和 IT 的角度，可以将虚拟化重新表述为："一组技术功能的实施过程，这个过程能将服务器资源、网络资源、存储资源的物理特征隐藏起来，以避免系统、应用或给终端用户与这些资源的交互。"

对不同的人而言，虚拟化可能具有不同的含义。虚拟化类型包括服务器虚拟化、存储虚拟化、网络虚拟化、服务虚拟化、管理虚拟化。

1. 服务器虚拟化

服务器虚拟化(也称为硬件虚拟化)是当今最广为人知的硬件虚拟化应用。X86 计算机硬件旨在运行单一操作系统和单一应用。这使得无法有效利用大多数机器。虚拟化允许在一台物理机器上运行多台虚拟机，在多个环境之间共享单台计算机的资源。不同的虚拟机可以在同一台物理计算机上运行不同的操作系统和多个应用。

虚拟机监控程序软件创建的虚拟机(VM)模拟物理计算机的环境和独立操作的系统环境,在逻辑上与主服务器隔离开来。虚拟机监控程序也称为虚拟机管理器(VMM),它是一个计算机程序,允许多个操作系统共享单一硬件宿主。单一物理机器可以用来创建多个虚拟机,多个虚拟机可以同时并独立地运行多个操作系统。虚拟机以文件形式存储,因此在恢复故障系统时,只要将虚拟机的文件复制到新机器上即可。

2. 存储虚拟化

存储虚拟化指的是为物理存储设备提供一个逻辑、抽象的视图。它为许多用户或应用提供了一种访问存储的方式,使得用户或应用在访问存储的时候,无须担心存储的物理位置和物理管理方式。存储虚拟化能够使一个环境中的物理存储在多个应用服务器间进行共享,虚拟层后的物理设备看起来还像是一个没有物理边界的庞大存储池。存储虚拟化将所有设备综合在一个设备中进行使用,从而隐藏了一个组织内有多个独立存储设备的事实。虚拟化隐藏了寻找数据存储位置、获取数据、向用户提供数据的复杂过程。

通常情况下,存储虚拟化适用于更大型的存储区域网(SAN)阵列,但也能精确地适用于本地桌面硬盘驱动器上的逻辑分区和独立冗余磁盘阵列(RAID)。长期以来,大型企业已经从 SAN 技术中获益,在 SAN 中,存储与服务器解耦,直接连接到网络上。通过在网络上共享存储,SAN 可以实现可伸缩且灵活的存储资源分配、支持高效的备份解决方案、实现更高的存储利用率。

存储虚拟化具有下列好处。

(1)优化资源。在传统情况下,存储设备物理地连接到服务器上,并专用于服务器和应用。如果需要更多存储容量,则须购买更多磁盘并将其添加到服务器上,并专用于应用。这种运营方式会造成浪费或大量存储。利用存储虚拟化技术,可以按需获取存储空间,而不会浪费任何空间,组织还可以更高效地利用现有的存储资产,而无须购买额外的存储资产。

(2)降低运营成本。为每台服务器和应用添加、配置独立的存储资源需要耗费大量的时间,并且需要许多技术娴熟的专业人员,而这些人又很难找到。这些都会影响整体运营成本(TCO)。存储虚拟化支持在应用之外添加存储资源,运营人员只需在管理控制台采取拖放操作就可以将存储资源添加到存储池中。带有图形用户界面的安全管理控制台可以提高安全性,允许运营人员方便添加存储资源。

(3)提高可用性。在传统的存储应用中,因为维护存储设备、升级软件而导致计划内停机时间,以及由于病毒和电源问题造成的计划外停机时间,都会造成客户无法使用应用。这种停机会导致无法实现对客户做出的服务等级协议(SLA)承诺,从而容易引起客户不满及客户流失。存储虚拟化能够在最短时间内配置新的存储资源,从而提高资源的整体可用性。

(4)提高性能。许多执行单一任务的系统会压垮单一存储系统,如果通过虚拟化将工作负荷分布到多个存储设备,那么就可以大大提高性能。另外,还可以在存储上实施安全监控,如只允许经过授权的应用或服务器访问存储资产。

3. 网络虚拟化

网络虚拟化可能是所有虚拟化类型中最具歧义的一种虚拟化。网络虚拟化有多种类型,简要描述如下。

VLAN是网络虚拟化的一个简单示例。VLAN允许将一个局域网逻辑地划分到多个广播域内。按照交换机端口定义VLAN。也就是说,用户可以选择将端口1~10加入VLAN1;端口11~20加入VLAN2。同一VLAN中的端口无须保持连续性,因为这是逻辑划分,不是物理划分,所以连接到这些端口上的工作站不需要处于同一位置,居于建筑物不同楼层的用户可以连接在一起以便构成一个局域网。

虚拟路由和转发（VRF）通常用于多协议标签交换（MPLS）网络，允许一个路由表的多个实例同时并存在同一路由器内。因为无须使用多台设备就可以划分多个网络路径，所以可以大大提高路由器的功能。因为对流量自动进行分离，所以VRF还提高了网络的安全性，并能消除加密和认证的需求。

网络虚拟化的另一种形式就是将多个物理网络设备聚合到一台虚拟设备中。该虚拟化的示例有Catalyst6500交换机的虚拟交换系统（VSS）特性。这一特性将两个独立的机箱虚拟地组合成一台更大、更快的Catalyst交换机。

虚拟设备上下文环境（VDC），这是一个数据中心的虚拟化概念，可以用来虚拟化设备本身，使物理交换作为多台逻辑设备呈现出来。在这个VDC内，可以包含自己独有、独立的VLAN和VRF集合，可以给每个VDC分配物理端口，从而将硬件数据层也虚拟化。在每个VDC内，独立的管理域来管理VDC本身，从而将管理层本身也虚拟化。对于与VDC连接的用户，每个VDC看起来都是唯一的设备。

虚拟网络（VN）代表着基于计算机的网络，至少有一部分由VN链接构成。VN链接不包含两种资源之间的物理连接，但通过使用网络虚拟化的方法实施了虚拟连接。开发CiscoVN链接技术以便桥接服务器管理、存储管理及网络管理领域，从而确保在一个环境内所做的更改会传递到其他环境。例如，当用户在VMware vSphere环境中使用vCenter初始化VMotion，以便将虚拟机从一台物理服务器转移到另一台物理服务器时，这个事件就会传递给数据中心网络和SAN，于是相应的网络配置和存储服务也会随着这台虚拟机一并转移。

从广义上讲，如果设计得当，网络虚拟化会与服务器虚拟化或虚拟机监控程序类似，即用户、应用、设备之间能够安全地共享通用物理网络基础设施。

4.服务虚拟化

数据中心的服务虚拟化指的是提供额外安全性的防火墙服务、提供额外性能和可靠性的负载均衡服务。虚拟接口——通常称为虚拟IP（vIP）——对外公开，对外表现为实际的 Web 服务器,并按需管理进出 Web 服务器的连接。这样负载均衡器就能将多个 Web 服务器或多个应用作为单一实例来进行管理,与允许用户直接连接到每个 Web 服务器相比,这种做法可以提供更安全、更健壮的拓扑。这是一种一对多的虚拟化表达方式。对外表现为一台服务器,实际隐藏着反向代理设备背后的多台服务器的可用性。

5. 虚拟化管理

虚拟化管理指的是虚拟资源的配置和协调,以及对资源池和虚拟实例进行运行时协调。该特性包括虚拟资源到物理资源的静态映射和动态映射,还包含整体的管理功能,如容量管理、分析、收费及 SLA。

通常情况下,服务被抽象到客户门户层,客户在其中选择服务,然后通过各种域和中间件管理系统,配合配置管理数据库(CMDB)、服务目录、会计、收费系统、SLA 管理、服务管理、服务门户等,自动配置服务。

网络、计算及存储虚拟化,由于提供了灵活而容错的服务,与固定技术资产解耦,正在对 IT 产生重大影响。无须空出维护窗口和离线应用,就能服务和升级底层硬件。无须维护窗口,就能维修和更新硬件,并将应用转移回到增强的基础设施中。虚拟化的其他获益还包括更高效地利用过去未充分利用的资源、减少受管硬件资产及整合硬件维护协议。

虽然虚拟化能带来出色的灵活性,但它同时也能增加监控和管理服务的需要,以便提供更强大的态势感知。过去,管理员可以确定地表述:"我的数据库在服务器 X 上运行,这台服务器与交换机 B 进行连接并使用存储阵列 C。"虚拟化解耦了这种关系,支持以更具伸缩性、以性能为中心的方式利用这些基础设施资源。应用可以定位于服务器集群中的任何计算节点上,可以利用任何存储设备上的存储空间,可以使用虚拟网络,也可以进行转移以满足性能或运营需求。如今,在进行维护之前,理解这种依赖关系就越发重要。

那么,虚拟化和云计算之间的区别是什么?这是一个常见的问题。答案很简单,虚拟化是一项技术,在虚拟机中运行软件时,通过虚拟机监控程序运行程序指令,就像在专用服务器上运行一样。虚拟机监控程序是服务器虚拟化的核心和灵魂。云计算则是一种运营模型。在运行云的时候,没有数据必须通过的虚拟机监控程序层。要拥有云,就可能需要有服务器虚拟化,但仅有服务器虚拟化并不能运行云。在云中,包含的资源被抽象出来,在多租户的环境中根据需要和规模向客户提供服务。云所包含的技术也是这样得到利用的。多数情况下,云计算中都使用相同的基础设施、服务目录、服务管理工具、资源管理工具、调配系统、CMS/CMDB、服务器平台、网络布线、存储阵列等。通常情况下,云会向客户提供一个自助服务门户,客户在门户上可以订购服务,门户隐藏了基础设施及管理的所有物理复杂性。

三、编程模型

事实上,网格环境下的编程模型与其在传统的并行和分布式环境下并没有本质上的区别。这种编程模型相当复杂,内容涉及诸多方面,如多管理域、资源异质性变化、稳定性和性能及动态环境下异常处理(在任何时间,资源都可以增加和减少)等。由于网格主要针对的是大规模的科学计算,需要利用大量的资源,用户希望程序在网格环境下运行的速度快、效率高、正确性高,因此必须考虑到网格的可靠性和容错性。消息传递接口(MPI)是最常用的并行计算编程模型,其中一组任务在计算中使用自己的本地内存,并通过发送和接收消息进行通信。MPICH-G2是一种支持网格的MPI实现方式,给出了类似于MPI的接口,提供了整合Globus的工具包。协调语言允许一定数量的异构组件相互通信和互动,并为规范化、互动性和分布式组件的动态组成提供设施。在网格中,许多应用程序是松散耦合的,因为一个输出可以传递给一个或多个输入。例如,一个文件可以通过Web服务调用。虽然这种"松散"计算会涉及大量的计算和通信,但是程序员所关注的问题不同于传统的高性能计算，他们侧重于大量数据集和任务相关的管理问题而不是处理机间通信的优化。在这种情况下，工作流系统更符合这种应用程序的规范和执行。更具体地来说，工作流系统允许每个组件（单步）组成一个复杂的依赖关系图，并通过这些组件控制数据流。

在云计算中，大多是采用 MapReduce 编程模型，MapReduce 是另一种重要的并行编程模型。它为处理大型数据集提供了一个编程模型和实时系统，并且是基于只有两个主要功能的函数式语言模型："映射"（Map）和"化简"（Reduce）。映射功能适用于具体操作的每一组项目，并产生一组新项目，一个 Reduce 函数对一组项目执行聚集操作。MapReduce 运行系统自动地对输入数量分区并把程序调入由大量普通计算机组成的集群中运行。该系统由容错工作节点定期检查，并把失败的作业重新分配给其他的工作节点。

云计算与网格计算目标是一致的，都是虚拟计算机资源，可以通过各种网络共享为上层应用服务，但云计算在理论上增加了自复方面的支持，在伸缩性、自复性，以及其他各方面均优于网格计算。特别是其经虚拟计算机为粒度的动态伸缩性为搭建高伸缩性、高可靠性且廉价的系统开发创造了极大的便利。

云计算抽象了计算与存储资源，并动态地将之分配给需要使用的用户。它是一个高伸缩性、高可靠性、透明安全的底层架构，并具有友好的监控与维护接口。在其上开发应用时，只需要按照其应用程序接口规范调用所需资源即可，不必像使用 Globus Toolkit 那样花费大量时间来降低系统所需吞吐量以减少硬件投资，其使用费用跟总的资源使用量成正比，而不像以往跟系统吞吐量成正比一样，如此，用户只需关心业务逻辑的实现。对数据挖掘实现而言，可以把各种算法部署到云计算平台运行，然后通过云计算平台的控制面板或者接口设定目标响应时间就能得到满意的结果。

云计算平台具有动态伸缩性,一个应用程序在资源请求很少的时候可能在执行一个粒度的虚拟机上;而当资源请求增长时,最先成为系统瓶颈的往往是当前运行环境的计算能力,这时云计算平台通过系统监控服务发现当前运行环境负载过高,自动地从云计算资源池中请求新的虚拟机加入到当前的运行环境,以集群的方式线性增长当前运行环境的计算能力以满足应用程序的资源请求。当应用程序的资源请求进一步增长时,不只运行环境的计算能力,数据库端也将成为瓶颈,特别是当虚拟机数量的增加所带来的并发与协调执行代价过高时,数据库所在的运行环境也将被动态扩展以满足海量的资源请求。当应用程序资源请求降低时,则是相反的情况,虚拟机将逐步被回收回资源池以待被其他当前高资源请求的应用所使用。

如此一来,世界各地的应用程序可通过共享同一个庞大的云计算资源池来获得超大的系统吞吐能力,以满足在某些情况下所需要的超高计算或者存储资源请求,而付出的代价却只是其总的资源使用量的费用。以上系统的动态扩展与收缩过程并不需要用户干预,系统会自动进行,开发者在其平台上开发时除了按照其规范并遵循程序易于被横向扩展的原则外,跟开发本地应用程序并没有太大的区别,这给系统开发者与使用者都带来了很大的便利。

云计算是并行计算、分布式计算、网格计算的发展,并且能够提供自定义的、可靠的、最大化资源利用的服务,是一种崭新的分布式计算模式。网格计算是利用互联网上计算机闲置的计算资源进行计算,而云计算是利用互联网中的计算系统、支持互联网上多种应用的系统。网格计算作为一种面向特殊应用的解决方案将会在某些领域继续存在,而云计算将引领一场IT变革,并对整个IT产业和人类社会产生深刻的影响。

第三节 云计算的体系架构与关键技术

一、云计算体系架构

云计算可以按需弹性提供资源,它的表现形式是一系列服务的集合。结合当前云计算的应用与研究,其体系架构可分为核心服务、服务管理、用户访问接口三层。核心服务层将硬件基础设施、软件运行环境、应用程序抽象成服务,这些服务具有可靠性强、可用性高、规模可伸缩等特点,满足多样化的应用需求。服务管理层为核心服务提供支持,进一步确保核心服务的可靠性、可用性与安全性。用户可以通过访问接口层实现端到云的访问。

(一)核心服务层

云计算核心服务通常可以分为三个子层:基础设施即服务层(IaaS)、平台即服务层(PaaS)、软件即服务层(SaaS)。

IaaS 提供硬件基础设施部署服务,为用户提供实体或虚拟的计算、存储和网络等资源。在使用 IaaS 层服务的过程中,用户需要向 IaaS 层服务提供商提供基础设施的配置信息、运行于基础设施的程序代码及相关的用户数据。由于数据中心是 IaaS 层的基础,因此数据中心的管理和优化问题近年来也成为研究热点。为了优化硬件资源的分配,IaaS 层引入了虚拟化技术。借助于 Xen、KVM、VMware 等虚拟化工具,云计算可以提供可靠性高、可定制性强、规模可扩展的 IaaS 层服务。

PaaS 是云计算应用程序的运行环境,提供应用程序部署与管理服务。通过 PaaS 层的软件工具和开发语言,应用程序开发者只需上传程序代码和数据即可使用服务,而不必关注底层的网络、存储、操作系统的管理问题。由于目前互联网应用平台(如 Facebook、Google、淘宝等)的数据量日趋庞大,PaaS 层应当充分考虑对海量数据的存储与处理能力,并利用有效的资源管理与调度策略提高处理效率。

SaaS是基于云计算基础平台所开发的应用程序。企业可以通过租用SaaS层服务解决企业信息化问题,如企业通过GMail建立属于该企业的电子邮件服务。该服务托管于Google的数据中心,因此企业不必考虑服务器的管理、维护问题。对普通用户来讲,SaaS层服务将桌面应用程序迁移到互联网,可实现应用程序的泛在访问。

(二)服务管理层

服务管理层对核心服务层的可用性、可靠性和安全性提供保障。服务管理包括服务质量(Quality of Service,QoS)保证和安全管理等。

云计算需要提供高可靠、高可用、低成本的个性化服务。然而云计算平台规模庞大且结构复杂,会很难完全满足用户的QoS需求。为此,云计算服务提供商需要和用户协商,制定服务水平协议(Service Level Agreement,SLA),双方就服务质量的需求达成一致。当服务提供商提供的服务未能达到SLA的要求时,用户将得到补偿。

此外,数据的安全性一直是用户较为关心的问题。云计算数据中心采用的资源集中式管理方式使得云计算平台存在单点失效问题。保存在数据中心的关键数据会因为突发事件(地震、断电、火灾等)、病毒入侵、黑客攻击而丢失或泄露。根据云计算服务的特点,研究云计算环境下的安全与隐私保护技术(数据隔离、隐私保护、访问控制等)是保证云计算得以广泛应用的关键。

除了QoS保证、安全管理外,服务管理层还包括计费管理、资源监控等管理内容,这些管理措施对云计算的稳定运行同样起到了重要作用。

(三)用户访问接口层

用户访问接口实现了云计算服务的泛在访问,通常包括命令行、Web服务、

Web 门户等形式。命令行和 Web 服务的访问模式既可为终端设备提供应用程序开发接口,又便于多种服务的组合。Web 门户是访问接口的另一种模式。通过 Web 门户,云计算将用户的桌面应用迁移到互联网,从而使用户可以随时随地通过浏览器就可以访问数据和程序,以便提高工作效率。虽然用户通过访问接口使用便利的云计算服务,但是由于不同云计算服务商提供接口标准不同,所以导致用户数据不能在不同服务商之间迁移。为此,在 Intel、Sun 和 Cisco 等公司的倡导下,云计算互操作论坛(Cloud Computing Interoperability Forum,CCIF)宣告成立,并致力于开发统一的云计算接口(Unified Cloud Interface,UCI),以实现"全球环境下不同企业之间可利用云计算服务无缝协同工作"的目标。

二、云计算关键技术

云计算的目标是以低成本的方式提供高可靠、高可用、规模可伸缩的个性化服务。为了达到这个目标,需要数据中心管理、虚拟化、海量数据处理、资源管理与调度、QoS 保证、安全与隐私保护等若干关键技术加以支持。本节详细介绍了核心服务层与服务管理层涉及的关键技术和典型应用,并从 IaaS、PaaS、SaaS 三个方面依次对核心服务层进行分析。

(一)数据中心相关技术

数据中心是云计算的核心,其资源规模与可靠性对上层的云计算服务有着重要影响。

与传统的企业数据中心不同,云计算数据中心具有以下特点。

(1)自治性。相较传统的数据中心需要人工维护,大规模的云计算数据中心要求系统在发生异常时能自动重新配置,并从异常中恢复,而不影响服务的正常使用。

(2)规模经济。通过对大规模集群的统一化、标准化管理,使单位设备的管理成本大幅降低。

（3）规模可扩展。考虑到建设及设备更新换代的成本，云计算数据中心往往采用大规模高性价比的设备作为硬件资源，并提供扩展规模的空间。

基于以上特点，云计算数据中心的相关研究工作主要集中在两方面：研究新型的数据中心网络拓扑，以低成本、高带宽、更可靠的方式连接大规模计算节点；研究有效的绿色节能技术，以提高效能比，减少环境污染。

1. 数据中心网络设计

目前，大型的云计算数据中心由上万个计算节点构成，而且节点数量呈上升趋势。计算节点的大规模特点对数据中心网络的容错能力和可扩展性带来了一定挑战。

然而，面对以上挑战，传统的树形结构网络拓扑存在以下缺陷。首先，可靠性低，若汇聚层或核心层的网络设备发生异常，网络性能会大幅下降。其次，可扩展性差，因为核心层网络设备的端口有限，难以支持大规模网络。最后，网络带宽有限，在汇聚层，汇聚交换机连接边缘层的网络带宽远大于其连接核心层的网络带宽（带宽比例为80∶1，甚至240∶1），所以对连接在不同汇聚交换机的计算节点来说，它们的网络通信容易受到阻塞。

为了弥补传统拓扑结构的缺陷，研究者提出了VL2、Portland、DCell、BCube等新型的网络拓扑结构。这些拓扑在传统的树形结构中加入了类似于mesh的构造，使得节点之间的连通性与容错能力更高，易于负载均衡。同时，这些新型的拓扑结构利用小型交换机便可构建，使得网络建设成本降低，节点更容易扩展开来。

下面以Portland为例来说明网络拓扑结构。Portland借鉴了Fat-Tree拓扑的思想，可以由5k2/4个k口交换机连接k3/4个计算节点。Portland由边缘层、汇聚层、核心层构成。其中边缘层和汇聚层可分解为若干Pod，每一个Pod包含k台交换机，分属边界层和汇聚层，每层k/2台交换机hPod内部以完全二分图的结构相连。边缘层交换机连接计算节点，每个 Pod 可连接 k2/4 个计算节点。汇聚层交换机连接核心层交换机，每个 Pod 连接 k2/4 台核心层交换机。基于 Portland，可以保证任意两点之间有多条通路，计算节点在任何时刻两两之间可实现无阻塞通信，从而满足云计算数据中心高可靠性、高带宽的需求。同时，Portland 可以利用小型交换机连接大规模计算节点，既带来了良好的可扩展性，又降低了数据中心的建设成本。

2. 数据中心节能技术

云计算数据中心规模庞大，为了保证设备正常工作，需要消耗大量的电能。据估计，一个拥有 50000 个计算节点的数据中心每年耗电量超过 1 亿千瓦时，电费达到 930 万美元。因此，需要研究有效的绿色节能技术，以解决能耗开销问题。实施绿色节能技术，不仅可以降低数据中心的运行开销，而且能减少二氧化碳的排放量，有助于进行环境保护。

当前，数据中心能耗问题得到了工业界和学术界的广泛关注。云计算数据中心的能源开销主要来自计算机设备、不间断电源、供电单元、冷却装置、新风系统、增湿设备及附属设施（照明、电动门等）。集热设备和冷却装置的能耗比重较大。因此，需要首先针对 IT 设备能耗和制冷系统进行研究，以优化数据中心的能耗总量或在性能与能耗之间寻求最佳的折中。针对 IT 设备能耗优化问题，纳图吉等人提出一种面向数据中心虚拟化的自适应能耗管理系统 Virtual Power。该系统通过集成虚拟化平台自身具备的能耗管理策略，以虚拟机为单位为数据中心提供一种在线能耗管理能力。帕利帕迪等人根据 CPU 利用率，通过控制和调整 CPU 频率以达到优化 IT 设备能耗的目的。拉奥等人研究在电力市场环境中，如何在保证服务质量的前提下优化数据中心能耗总量的问题。针对制冷系统的能耗优化问题，萨马迪亚尼等人综合考虑空间大小、机架和风扇的摆放及空气的流动方向等因素，提出了一种多层次的数据中心冷却设备设计思路，并对空气流和热交换进行建模和仿真操作，以此为数据中心布局提供理论支持。数据中心建成以后，可采用动态制冷策略降低能耗，如对于处于休眠的服务器，可适当关闭一些制冷设施或改变冷气流的走向，以节约成本。

（二）虚拟化技术

数据中心为云计算提供了大规模资源。为了实现基础设施服务的按需分配，需要研究虚拟化技术。虚拟化是 IaaS 层的重要组成部分，也是云计算的最重要特点。虚拟化技术可以提供以下服务。

（1）资源分享。通过虚拟机封装用户各自的运行环境，实现多用户分享数据中心资源。

（2）资源定制。用户利用虚拟化技术，配置私有的服务器，指定所需的 CPU 数目、内存容量、磁盘空间，实现资源的按需分配。

（3）细粒密度资源管理。将物理服务器拆分成若干虚拟机，可以提高服务器的资源利用率，减少浪费，而且有助于服务器的负载均衡和节能。

基于以上特点，虚拟化技术成为实现云计算资源池化和按需服务的基础。为了进一步满足云计算弹性服务和数据中心自治性的需求，需要研究虚拟机快速部署和在线迁移技术。

1. 虚拟机快速部署技术

传统的虚拟机部署分为四个阶段：创建虚拟机；安装操作系统与应用程序；配置主机属性（网络、主机名等）；启动虚拟机。该方法的部署时间较长，达不到云计算弹性服务的要求。尽管可以通过修改虚拟机配置（增减 CPU 数目、磁盘空间、内存容量）改变单台虚拟机性能，但是更多情况下云计算需要快速扩展虚拟机集群的规模。

为了简化虚拟机的部署过程，虚拟机模板技术被应用于大多数云计算平台。虚拟机模板预装了操作系统与应用软件，并对虚拟设备进行了预配置，可以有效地减少虚拟机的部署时间。尽管如此，虚拟机模板技术仍不能满足快速部署的需求：一方面，将模板转换成虚拟机需要复制模板文件，当模板文件较大时，复制的时间不可忽视；另一方面，因为应用程序并没有写入内存，所以通过虚拟机模板转换的虚拟机需要在启动或加载内存镜像后，方可提供服务。为此，有学者提出了基于fork思想的虚拟机部署方式。该方法受操作系统的fork原语启发，可以利用父虚拟机迅速克隆出大量子虚拟机。与进程级的fork相似，基于虚拟机级的fork子虚拟机可以继承父虚拟机的内存状态信息，并在创建后即时可用。当部署大规模虚拟机时，子虚拟机可以进行并行创建，并维护其独立的内存空间，而不依赖于父虚拟机。为了减少文件的复制时间，虚拟机fork采用了"写时复制"技术：子虚拟机在执行"写操作"时，将更新后的文件写入本机磁盘；在执行"读操作"时，通过判断该文件是否已被更新，确定本机磁盘或父虚拟机的磁盘读取文件。在虚拟机fork技术的相关研究工作中，Potemkin项目实现了虚拟机fork技术，并可在1s内完成虚拟机的部署或删除，但要求父虚拟机和子虚拟机必须在相同的物理机上。拉加·卡维拉等人研究了分布式环境下的并行虚拟机fork技术，该技术可以在1s内完成32台虚拟机的部署。虚拟机fork是一种即时部署技术，虽然提高了部署效率，但通过该技术部署的子虚拟机不能持久保存。

2. 虚拟机在线迁移技术

虚拟机在线迁移是指虚拟机在运行状态下从一台物理机移动到另一台物理机。虚拟机在线迁移技术对云计算平台有效管理具有重要意义。

（1）有利于提高系统可靠性。一方面，当物理机需要维护时，可以将运行于该物理机的虚拟机转移到其他物理机。另一方面，可利用在线迁移技术完成虚拟机运行时的备份，当主虚拟机发生异常时，可将服务无缝切换至备份虚拟机。

（2）有利于负载均衡。当物理机负载过重时，可以通过虚拟机迁移达到负载均衡，优化数据中心性能。

（3）有利于设计节能方案。通过集中零散的虚拟机，可使部分物理机完全空闲下来，以便关闭这些物理机（或使物理机休眠），达到节能目的。

虚拟机的在线迁移对用户透明，云计算平台可以在不影响服务质量的情况下管理和优化数据中心。在线迁移技术于2005年由克拉克等人提出，通过迭代的预复制（pre-copy）策略同步迁移前后的虚拟机的状态。传统的虚拟机迁移是在LAN中进行的，为了在数据中心之间完成虚拟机在线迁移，广渊孝宏等人介绍了一种在WAN环境下的迁移方法。这种方法在保证虚拟机数据一致性的前提下，尽可能少地牺牲虚拟机I/O性能，加快迁移速度。利用虚拟机在线迁移技术，Remus系统设计了虚拟机在线备份方法。当原始虚拟机发生错误时，系统可以立即切换到备份虚拟机，但不会影响关键任务的执行，在一定程度上提高了系统可靠性。

（三）海量数据存储与处理技术

1. 海量数据存储技术

云计算环境中的海量数据存储既要考虑存储系统的I/O性能，又要保证文件系统的可靠性与可用性。

格玛沃特等人为Google设计了GFS（Google File System）。根据Google应用的特点，GFS对其应用环境做了六种假设：①系统架设在容易失效的硬件平台上；②需要存储大量GB级甚至TB级的大文件；③文件读操作以大规模的流式读和小规模的随机读构成；④文件具有一次写多次读的特点；⑤系统需要有效处理并发的追加写操作；⑥高持续I/O带宽比低传输延迟重要。

在GFS中，一个大文件被划分成若干个固定大小的数据块，并分布在计算节点的本地硬盘，为了保证数据的可靠性，每一个数据块都保存有多个副本，所有文件和数据块副本的元数据都由元数据管理节点管理。GFS的优势：①由于文件的分块粒度大，GFS可以存取PB级的超大文件；②通过文件的分布式存储，GFS可并行读取文件，提供高 I/O 吞吐率；③ GFS 可以简化数据块副本间的数据同步问题；④文件块副本策略保证了文件的可靠性。

　　Bigtable 是基于 GFS 开发的分布式存储系统，它将提高系统的适用性、可扩展性、可用性和存储性能作为设计目标。Bigtable 的功能与分布式数据库类似，用于存储结构化或半结构化数据，为 Google 应用（搜索引擎、Google Earth 等）提供数据存储与查询服务。在数据管理方面，Bigtable 将一整张数据表拆分成许多存储于 GFS 的子表，并由分布式锁服务 Chubby 负责数据一致性管理。在数据模型方面，Bigtable 以行名、列名、时间戳建立索引，表中的数据项由无结构的字节数组表示。这种灵活的数据模型保证 Bigtable 适用于多种不同的应用环境。

　　由于 Bigtable 需要管理节点集中管理元数据，所以存在性能瓶颈和单点失效问题。为此，朱塞佩·德坎迪亚等人设计了基于 P2P 结构的 Dynamo 存储系统，并应用于 Amazon 的数据存储平台。借助于 P2P 技术的特点，Dynamo 允许使用者根据工作负载动态调整集群规模。另外，在可用性方面，Dynamo 采用零跳分布式散列表结构降低操作响应时间；在可靠性方面，Dynamo 利用文件副本机制应对节点失效。由于保证副本强一致性会影响系统性能，所以，为了应对每天数千万的并发读写请求，Dynamo 中设计了最终一致性模型，弱化副本一致性，保证提高性能。

　　2. 数据处理技术与编程模型

　　PaaS 平台不仅要实现海量数据的存储，而且还要提供面向海量数据的分析处理功能。由于 PaaS 平台部署于大规模硬件资源上，所以海量数据的分析处理需要抽象处理过程，并要求其编程模型支持规模扩展，屏蔽底层细节并且简单有效。

　　MapReduce 是 Google 提出的并行程序编程模型，运行于 GFS 之上。一个 MapReduce 作业由大量的 Map 和 Reduce 任务组成，根据两类任务的特点，可以把数据处理过程划分成 Map 和 Reduce 两个阶段：在 Map 阶段，Map 任务读取输入文件块，并行分析处理，处理后的中间结果保存在 Map 任务执行节点。在 Reduce

阶段，Reduce 任务读取并合并多个 Map 任务的中间结果。MapReduce 可以大规模数据处理的难度。首先，MapReduce 中的数据同步发生在 Reduce 读取 Map 中间结果的阶段，这个过程由编程框架自动控制，从而简化数据同步问题；其次，由于 MapReduce 会监测任务执行状态，重新执行异常状态任务，所以程序员不需考虑任务失败问题；再次，Map 任务和 Reduce 任务都可以并发执行，通过增加计算节点数量便可加快处理速度；最后，在处理大规模数据时，Map 任务和 Reduce 任务的数目远多于计算节点的数目，有助于计算节点负载均衡。

虽然 MapReduce 具有诸多优点，但仍有局限性：① MapReduce 的灵活性低，很多问题难以抽象成 Map 操作和 Reduce 操作；② MapReduce 在实现迭代算法时效率较低；③ MapReduce 在执行多数据集的交运算时效率不高。为此，Sawzall 语言和 Pig 语言封装了 MapReduce，可以自动完成数据查询操作到 MapReduce 的映射；加利亚·恩亚科等人设计了 Twister 平台，使 MapReduce 有效地支持迭代操作；翰什·杨等人设计了 Map-Reduce-Merge 框架，通过加入 Merge 阶段实现多数据集的交叉操作。在此基础上，王玉翔等人将 Map-Reduce-Merge 框架应用于构建 OLAP 数据立方体；文献将 MapRedcue 应用到并行求解、大规模组合优化问题上。

由于许多问题都难以抽象成 MapReduce 模型，为了使并行编程框架灵活普适，沃尔特·艾萨德等人设计了 Dryad 框架。Dryad 采用了基于有向无环图（Directed Acyclic Graph, DAG）的并行模型。在 Dryad 中，每一个数据处理作业都由 DAG 表示，图中的每一个节点表示需要执行的子任务，节点之间的边表示 2 个子任务之间的通信。Dryad 可以直观地表示作业内的数据流。基于 DAG 优化技术，Dryad 可以更加简单高效地处理复杂流程。与 MapReduce 相似，Dryad 为程序开发者屏蔽底层的复杂性，并可在计算节点规模扩展时提高处理性能。在此基础上，袁宇等人设计了 DryadLINQ 数据查询语言，该语言和 NET 平台无缝结合，并利用 Dryad 模型对 Azure 平台上的数据进行查询处理。

（四）资源管理与调度技术

海量数据处理平台的大规模性给资源管理与调度带来了挑战。研究有效的资源管理与调度技术可以提高 MapReduce、Dryad 等 PaaS 层海量数据处理平台的性能。

1. 副本管理技术

副本机制是 PaaS 层保证数据可靠性的基础，有效的副本策略不但可以降低数据丢失的风险，而且能优化作业完成时间。目前，Hadoop 采用了机架敏感的副本放置策略。该策略默认文件系统部署于传统网络拓扑的数据中心。以放置 3 个文件副本为例，由于同一机架的计算节点间网络带宽高，所以机架敏感的副本放置策略将 2 个文件副本置于同一机架，另一个置于不同机架。这样的策略既考虑了计算节点和机架失效的情况，也减少了因为数据一致性维护带来的网络传输开销。除此之外，文件副本放置还与应用有关，莫汉德·耶·依塔伯克等人提出了一种灵活的数据放置策略——CoHadoop。用户可以根据应用需求自定义文件块的存放位置，使需要协同处理的数据分布在相同的节点上，从而在一定程度上减少了节点之间的数据传输开销。但是，目前 PaaS 层的副本调度大多局限于单数据中心，从容灾备份和负载均衡角度来看，需要考虑面向多数据中心的副本管理策略。郑湃等人提出了三阶段数据布局策略，分别针对跨数据中心数据传输、数据依赖关系和全局负载均衡三个目标对数据布局方案进行求解和优化。虽然该研究对多数据中心间的数据管理起到了优化作用，但是未深入讨论副本管理策略。因此，需在多数据中心环境下研究副本放置、副本选择及一致性维护和更新机制。

2. 任务调度算法

PaaS 层的海量数据处理以数据密集型作业为主，其执行性能受 I/O 带宽的影响。但是，网络带宽是计算集群（计算集群既包括数据中心中物理计算节点集群，也包括虚拟机构建的集群）中的急缺资源，其主要体现在以下方面：①云计算数据中心考虑成本因素，很少采用高带宽的网络设备；②IaaS层部署的虚拟机集群共享有限的网络带宽；③海量数据的读写操作占用了大量的带宽资源。因此PaaS层海量数据处理平台的任务调度需要考虑到网络带宽因素。

为了减少任务执行过程中的网络传输开销，可以将任务调度到输入数据所在的计算节点，因此，需要研究面向数据本地性（data-locality）的任务调度算法。Hadoop以"尽力而为"的策略保证数据本地性。虽然该算法易于实现，但是并没有实现全局优化，在实际环境中不能保证较高的数据本地性。为了实现全局优化，费希尔等人为MapReduce任务调度建立数学模型，并提出了HTA（Hadoop Task Assignment）问题。

该问题为一个变形的二部图匹配，目标是将任务分配到计算节点，并使各计算节点负载均衡。除了保证数据本地性，PaaS层的作业调度器还需要考虑作业之间的公平调度。PaaS层的工作负载中既包括子任务少、执行时间短、对响应时间敏感的即时作业，如数据查询作业，也包括子任务多、执行时间长的长期作业，如数据分析作业。研究公平调度算法可以及时为即时作业分配资源，使其快速响应。因为数据本地性和作业公平性不能同时满足，所以扎哈里亚等人在Max-Min公平调度算法的基础上设计了延迟调度（Delay Scheduling）算法。该算法通过推迟调度一部分作业并使这些作业等待合适的计算节点，以达到较高的数据本地性。但是在等待开销较大的情况下，延迟策略会影响作业完成时间。为了折中数据本地性和作业公平性，沃尔特·艾萨德等设计了基于最小代价流的调度模型fuel，并应用于Microsoft的Azure平台。

3. 任务容错机制

为了使PaaS平台可以在任务发生异常时自动从异常状态恢复如初，需要研究任务容错机制。MapReduce的容错机制在检测到异常任务时，会启动该任务的备份任务。备份任务和原任务同时进行，当其中一个任务顺利完成时，调度器立即结束另一个任务。Hadoop 的任务调度器实现了备份任务调度策略。但是现有的 Hadoop 调度器检测异常任务的算法存在较大缺陷：如果一个任务的进度落后于同类型任务的 20%，Hadoop 将把该任务当作异常任务。然而，当集群异构时，任务之间的执行精度差异较大，因而在异构集群中很容易产生大量的备份任务。为此，扎哈里亚等人研究了异构环境下异常任务的发现机制，并设计了 LATE（Longest Approximate Time to End）调度器。通过估算 Map 任务的完成时间，LATE 针对估计完成时间最晚的任务产生备份。虽然 LATE 可以有效地避免产生过多的备份任务，但是该方法假设 Map 任务处理速度是稳定的，所以当 Map 任务执行速度发生变化时，LATE 便不能达到理想的性能。

（五）QoS 保证机制

云计算不仅要为用户提供满足应用功能需求的资源和服务，同时还需要提供优质的 QoS，如可用性、可靠性、可扩展、优性能等，以保证应用能够顺利高效地执行。这是云计算被广泛采纳的基础。首先，用户从自身应用的业务逻辑层面提出相应的 QoS 需求；其次，为了能够在使用相应服务的过程中始终满足用户的需求，云计算服务提供商需要对 QoS 水平进行匹配并且与用户协商制定服务水平协议；最后，根据 SLA 内容进行资源分配以达到 QoS 保证的目的。

1. IaaS 层的 QoS 保证机制

IaaS 层可看作是一个资源池，其中包括可定制的计算、网络、存储等资源，并根据用户需求按需提供相应的服务能力。文献指出，IaaS 层所关心的 QoS 参数主要可分为两类：一类是云计算服务提供者所提供的系统最小服务质量，如服务器可用性及网络性能；另一类是服务提供者承诺的服务响应时间。

为了在服务运行过程中保证其性能，IaaS 层用户需要针对 QoS 参数同云计算服务提供商签订相应的 SLA。根据应用类型的不同可将 SLA 分为两类：确定性

SLA 和可能性 SLA。其中确定性 SLA 主要针对关键性核心服务,这类服务通常需要十分严格的性能保证,如银行核心业务等,因此需要 100% 确保其相应的 QoS 需求。对于可能性 SLA,通常采用可用性百分比表示,如保证硬件每月 99.95% 的时间正常运行,这类服务通常并不需要十分严格的 QoS 保证,主要适用于中小型商业模式及企业级应用。在签订完 SLA 后,若服务提供商未按照 SLA 进行 QoS 保障,则对服务提供商启动惩罚机制,以补偿对用户造成的损失。

在实际系统方面,近年来出现了若干通过 SLA 技术实现 IaaS 层 QoS 保证机制的商用云计算系统或平台,其中主要包括 Amazon EC2、GoGrid、Rackspace 等。

2. PaaS 层和 SaaS 层的 QoS 保证机制

在云计算环境中,PaaS 层主要负责提供云计算应用程序(服务)的运行环境及资源管理,SaaS 层提供以服务为形式的应用程序。与 IaaS 层的 QoS 保证机制相似,PaaS 层和 SaaS 层的 QoS 保证也需要经历三个阶段。PaaS 层和 SaaS 层的 QoS 保证的难点在第三阶段,即资源分配阶段。由于在云计算环境中,应用服务提供商同底层硬件服务提供商之间可以是松耦合的,所以 PaaS 层和 SaaS 层在第三阶段需要综合考虑 IaaS 层的费用、IaaS 层承诺的 QoS、PaaS 层和 SaaS 层服务对用户承诺的 QoS 等。

弹性服务是云计算的特性之一,为了保证服务的可用性,应用服务层需要根据业务负载动态申请或释放 IaaS 层的资源。卡列罗斯等人基于排队论设计了负载预测模型,通过比较硬件设施工作负载、用户请求负载及 QoS 目标,调整了虚拟机的数量。由于同类 IaaS 层服务可能由多个服务提供商提供,应用服务提供商需要根据 QoS 协议选择合适的 IaaS 层服务。为此,肖延平等人设计了基于信誉的 QoS 部署机制,该机制综合考虑到 IaaS 层服务层提供商的信誉、应用服务同用户的 SLA 以及 QoS 的部署开销,选择合适的 IaaS 层服务。除此之外,由于 AmazonEC2 的

SpotInstance 服务可以以竞价方式提供廉价的虚拟机,安杰亚克等人为应用服务层设计的竞价模型,能够使其在满足用户 QoS 需求的前提下降低硬件设施开销。

(六)安全与隐私保护

虽然通过 QoS 保证机制可以提高云计算的可靠性和可用性,但是目前实现高安全性的云计算环境仍面临着诸多挑战:一方面,云平台上的应用程序(或服务)同底层硬件环境间是松耦合的,没有固定不变的安全边界,大大增加了数据安全与隐私保护的难度;另一方面,云计算环境中的数据量巨大(通常都是 TB 级甚至 PB 级),传统安全机制在可扩展性及性能方面难以有效满足需求。随着云计算的安全问题日益突出,近年来研究者针对云计算的模型和应用,讨论了云计算安全隐患,研究了云计算环境下的数据安全与隐私保护技术。

1. IaaS 层的安全

虚拟化是云计算 IaaS 层普遍采用的技术。该技术不仅可以实现资源可定制,而且还能有效隔离用户的资源。桑坦纳姆等人讨论了分布式环境下基于虚拟机技术实现的"沙盒"模型,以隔离用户执行环境。然而虚拟化平台并不是完美的,仍然存在安全漏洞。基于 Amazon EC2 上的实验,雷斯特帕特等人发现 Xen 虚拟化平台存在被旁路攻击的危险。他们在云计算中心放置若干台虚拟机,当检测到有虚拟机和目标虚拟机放置在同一台主机上时,便可通过操纵自己放置的虚拟机对目标虚拟机进行旁路攻击,得到目标虚拟机的更多信息。为了避免基于 Cache 缓存的旁路攻击,拉杰什·库斯拉帕里等人提出了 Cache 层次敏感的内核分配方法和基于页染色的 Cache 划分方法,旨在实现性能与安全隔离目标。

2. PaaS 层的安全

PaaS 层的海量数据存储和处理需要注意隐私泄露问题。罗伊等人提出了一种基于 MapReduce 平台的隐私保护系统——Airavat,集成访问控制和区分隐私,为处理关键数据提供安全和隐私保护。在加密数据的文本搜索方面,传统的方法需要对关键词进行完全匹配,但是云计算数据量非常大,在用户频繁访问的情况下,精确匹配返回的结果会非常少,这就使得系统的可用性大幅降低。李进等人提出了基于模糊关键词的搜索方法,在精确匹配失败后,还将采取与关键词近似语义的关键词集的匹配,达到在保护隐私的前提下为用户检索更多匹配文件的效果。

3. SaaS 层的安全

SaaS 层提供了基于互联网的应用程序服务,并会保存敏感数据,如企业商业信息。因为云服务器由许多用户共享,且云服务器和用户不在同一个信任域里,所以需要对敏感数据建立起访问控制机制。由于传统的加密控制方式需要花费很大的计算时间,而且密钥发布和细粒密度的访问控制都不适合大规模的数据管理,王玉翔等人讨论了基于文件属性的访问控制策略,通过在不泄露数据内容的前提下将与访问控制相关的复杂计算工作交给不可信的云服务器完成,从而达到访问控制的目的。

从以上研究可以看出,云计算面临的核心安全问题是用户不再对数据和环境拥有完全的控制权。为了解决该问题,云计算的部署模式被分为公有云、私有云和混合云。

公有云是以按需付费方式向公众提供的云计算服务,如 Amazon EC2、Salesforce CRM。虽然公有云提供了便利的服务方式,但是由于用户数据保存在服务提供商,所以存在用户隐私泄露、数据安全得不到保证等问题。

私有云是在一个企业或组织内部构建的云计算系统。部署私有云需要企业新建私有数据中心或改造原有数据中心。由于服务提供商和用户同属于一个信任域,所以数据隐私就可以得到保护。受其数据中心规模的限制,私有云在服务弹性方面与公有云相比较差。

混合云结合了公有云和私有云的特点：用户的关键数据存放在私有云，以保护数据隐私；当私有云工作负载过重时，可临时购买公有云资源，以保证服务质量。部署混合云需要公有云和私有云具有统一的接口标准，以保证服务可以无缝迁移。

工业界对云计算的安全问题非常重视，并为云计算服务和平台开发了若干安全机制，其中 Sun 公司发布开源的云计算安全工具可为 Amazon EC2 提供安全保护。微软公司发布的基于云计算平台 Azure 的安全方案，以解决虚拟化及底层硬件环境中的安全性问题。

第四节　云计算的机遇与挑战

云计算的研究领域广泛，并且与实际生产应用紧密结合。纵观已有的研究成果，还可从以下两方面对云计算做深入研究：①拓展云计算的外沿，将云计算与相关应用领域结合（本节以移动互联网和科学计算为例，分析新的云计算应用模式及尚需解决的问题）；②挖掘云计算的内涵，讨论云计算模型的局限性（本节以端到云的海量数据传输和大规模程序调试诊断为例，阐释云计算面临的挑战）。

一、云计算和移动互联网的结合

云计算和移动互联网的联系紧密，移动互联网的发展丰富了云计算的外沿。由于移动设备在硬件配置和接入方式上具有特殊性，所以有许多问题值得研究。首先，移动设备的资源是有限的。访问基于 Web 门户的云计算服务往往需要在浏览器端解释执行脚本程序，因此，会消耗移动设备的计算资源和能源。虽然为移动设备定制客户端可以减少移动设备的资源消耗，但是移动设备运行平台种类多、更新快，导致定制客户端的成本相对较高。因此需要为云计算设计交互性强、计算量小、普适性强的访问接口。其次，网络接入问题。对许多 SaaS 层服务来说，用户对响应时间比较敏感,但是移动网络的时延比固定网络要高,而且更容易丢失链接,导致 SaaS 层服务可用性降低。因此,还需要针对移动终端的网络特性对 SaaS 层服务进行优化。

二、云计算与科学计算的结合

科学计算领域希望以经济的方式求解科学问题,云计算可以为科学计算提供低成本的计算能力和存储能力。但是,在云计算平台上进行科学计算面临着效率低的问题。虽然一些服务提供商推出了面向科学计算的 IaaS 层服务,但是和传统的高性能计算机相比仍有一定差距。研究面向科学计算的云计算平台首先要从 IaaS 层入手。IaaS 层的 I/O 性能成为影响执行时间的重要因素原因有二:①网络时延问题,MPI 并行程序对网络时延比较敏感,传统高性能计算集群采用 InfiniBand 网络降低传输时延,但是目前虚拟机对 InfiniBand 的支持不够,不能满足低时延需求;② I/O 带宽问题,虚拟机之间需要竞争磁盘和网络 I/O 带宽,对数据密集型科学计算的应用、I/O 带宽的减少会延长执行时间。要在 PaaS 层研究面向科学计算的编程模型。虽然莫雷蒂等人提出了面向数据密集型科学计算的 All-Pairs 编程模型,但是该模型的原型系统只能运行于小规模集群,并不能保证其可扩展性。最后,对于复杂的科学工作流,要研究如何根据执行状态与任务需求动态申请和释放云计算资源,优化执行成本。

三、端到云的海量数据传输

云计算将海量数据在数据中心进行集中存放,对数据密集型计算应用提供强有力的支持。目前许多数据密集型计算应用需要在端到云之间进行大数据量的传输,如 AMS-02 实验每年将产生约 170TB 的数据量,需要将这些数据传输到云数据中心存储和处理,并将处理后的数据分发到各地研究中心进行下一步的分析。若每年完成 170TB 的数据传输,则至少需要 40Mbids 的网络带宽,但是这样高的带宽需求很难在当前的互联网中得到满足。按照 Amazon 云存储服务的定价,若每年传输上述数据量,则需花费数万美元,这其中还不包括支付给互联网服务提供商的费用。由此可见,端到云的海量数据传输将耗费大量的时间和金钱。由于网络性价比的增长速度远远落后于云计算技术的发展速度,因此目前传输主要通过邮寄的方式将存储数据的磁盘直接放入云数据中心,但这种方法仍然需要相当高的经济费用,并且运输过程中容易导致磁盘损坏。为了支持更加高效快捷的端到云的海量数据传输,需要从基础设施层面入手研究下一代网络体系结构,改变网络的组织方式和运行模式,提高网络吞吐量。

四、大规模应用的部署与调试

云计算采用虚拟化技术在物理设备和具体应用之间加入了一层抽象的东西,这要求原有基于底层物理系统的应用必须要根据虚拟化做相应的调整才能部署到云计算环境中,从而降低系统的透明性和应用对底层系统的可控性。云计算利用虚拟技术能够根据应用需求的变化弹性地调整系统规模,降低运行成本。因此,对于分布式应用,开发者必须要考虑如何根据负载情况动态分配和回收资源。但该过程中很容易产生错误,如资源泄漏、死锁等。上述情况给大规模应用在云计算环境中的部署带来了巨大挑战,为解决这一问题,需要研究适应云计算环境的调试与诊断开发工具及新的应用开发模型。

五、东南大学云计算平台

东南大学在云计算领域进行了许多有效的尝试,也获得了较为丰硕的研究与应用成果。东南大学云计算平台的一个典型应用是 AMS-02(Alpha Magnetic Spectrometer 02)海量数据处理。

为了满足 AMS-02 海量数据处理应用的需求,东南大学构建了相应的云计算平台,该平台提供了 IaaS、PaaS 和 SaaS 层的服务。IaaS 层的基础设施由 3500 颗

CPU内核和容量为800TB的磁盘阵列构成，提供虚拟机和物理机的按需分配。在PaaS层，数据分析处理平台和应用开发环境为大规模数据分析处理应用提供编程接口。在SaaS层，以服务的形式部署云计算应用程序，便于用户访问与使用。

对于AMS-02海量数据处理应用，东南大学云计算平台提供了如下支持。

首先，云计算平台可根据AMS-02实验的需求，为其分配独占的计算集群，并自动配置运行环境，如操作系统、科学计算函数库。通过利用资源隔离技术，既保证了AMS-02应用不会受到其他应用的影响，又为AMS-02海量数据处理应用中执行程序的更新和调试带来便利。

其次，世界各国物理学家可通过访问部署于SaaS层的AMS-02应用服务，得到所需的原始科学数据和处理分析结果，以充分实现数据共享和协同工作。

最后，随着AMS-02实验的不断进行，待处理的数据量及数据处理的难度会大幅增加。此时相应的云计算应用开发环境将为AMS-02数据分析处理程序提供编程接口，在提供大规模计算和数据存储能力的同时，降低海量数据处理的难度。

除了AMS-02实验外，东南大学云计算平台针对不同学科院系的应用需求，还分别部署了电磁仿真、分子动力学模拟等科学计算应用。由于这些科学计算应用对计算平台的性能要求较高，故而为了优化云计算平台的运行性能，也进行了大量理论研究工作。

针对海量数据处理应用中数据副本的选择问题，在综合考虑副本开销及数据可用性因素的基础上提出一种基于QoS偏好感知的副本选择策略，通过实现灵活可靠的副本管理机制提高应用的数据访问效率。

针对大规模数据密集型任务的调度问题，提出了一个低开销的全局优化调度算法BAR。BAR能够根据集群的网络与工作负载动态调整数据本地性，采用网络流思想，结合负载均衡策略，获得最小化的作业完成时间，为AMS-02等相关数据密集型任务的高效调度与执行提供了保证。

除了针对科学计算应用之外，东南大学在现有云计算平台的基础上，对云计算环境中的若干共性问题也进行了相应的研究。

在 IaaS 层，部署了开源云计算系统 OpenQRM。基于该系统研究虚拟机的放置、部署与迁移机制，完善其资源监控策略，使云计算平台可以快速感知资源工作负载的变化，从而提供弹性服务。此外，本节还基于经济模型，探讨了云计算数据中心的资源管理、能耗及服务定价之间的关系。

在 PaaS 层，深入分析了 Hadoop 平台上的资源管理与调度机制，对多数据中心间的副本管理策略进行了研究。在此基础上，利用云计算在海量数据存储与处理方面的优势，将云计算应用于 OLAP 聚集计算和大规模组合优化问题的求解。

在 SaaS 层，针对移动社会网络中位置信任安全问题，开发设计了基于云计算的位置信任验证服务系统。该系统分为智能手机客户端和云计算平台端两部分。其中，在智能手机客户端，系统提取用户位置属性，并使用蓝牙无线传播技术进行位置信任凭证的收集；在云计算平台上，基于凭证收集和验证算法，系统利用云计算弹性服务的特点来满足大规模用户的验证需求。

第二章 云计算和数据挖掘

第一节 数据挖掘与云计算的关系与区别

一、数据挖掘与云计算的关系

首先,云计算与大数据之间是相辅相成、相得益彰的关系。大数据挖掘处理需要云计算作为平台,而大数据涵盖的价值和规律则能够使云计算更好地与行业应用结合并发挥更大的作用。云计算将计算资源作为服务支撑大数据的挖掘,而大数据的发展趋势是对实时交互的海量数据查询、分析提供各自需要的价值信息。

其次,云计算与大数据的结合将可能成为人类认识事物的新工具。实践证明,人类对客观世界的认识是随着技术的进步以及认识世界的工具的更新而逐步深入。过去人类首先认识的是事物的表面,再通过因果关系由表及里,由对个体认识进而找到共性规律。现在将云计算和大数据结合,人们就可以利用高效、低成本的计算资源分析海量数据的相关性,快速找到其中的共性规律,加速人们对客观世界有关规律的认识。

最后,大数据的信息隐私保护是云计算和大数据快速发展与运用的重要前提。没有信息安全也就没有云服务的安全。产业及服务要健康、快速地发展就需要得到用户的信赖,就需要科技界和产业界更加重视云计算的安全问题,就需要更加注意大数据挖掘中的隐私保护问题。从技术层面进行深度的研发,严防和打击病毒和黑客的攻击,同时加快立法的进度,维护良好的信息服务的环境。

云计算的动态性和可伸缩性为高效实现海量数据挖掘创造了可能性,云计算环境下云用户的参与为基于群体决策的数据挖掘方案研究提供了条件,云计算使面向大众的数据挖掘成为可能。云计算的海量数据挖掘能力更加高效,也带来了两个问题:首先,云环境下从海量数据中获取用户满意的信息,这一核心目标直接导致云环境下用户对数据挖掘功能的需求产生变更,用户对海量数据挖掘的需求主要体现为个性化需求与多样性需求的增加;其次,海量数据的挖掘除了要处置其数量级的数据,还要处理高维的、动态的数据。

从技术上看,大数据与云计算的关系就像一枚硬币的正反面一样密不可分。大数据无法用单台的计算机进行处理,必须采用分布式计算架构。它的特色在于对海量数据的挖掘,但它必须要依托云计算的分布式处理、分布式数据库、云存储和虚拟化技术。

二、数据挖掘和云计算的区别

人们通常会对大数据和云计算的关系有误解,而且还会把它们混起来说,总之,用一句话解释就是:云计算就是硬件资源的虚拟化,大数据就是海量数据的高效处理。

虽然上面的解释并不是非常的贴切,但是可以帮助读者简单理解二者的区别。另外,如果做一个更形象的解释,云计算相当于我们的计算机和操作系统,将大量的硬件资源虚拟化之后再进行分配使用;大数据相当于海量数据的"数据库"。而且通观大数据领域的发展也能看出,当前的大数据处理一直在向着近似于传统数据库体验的方向发展,Hadoop 的产生使我们能够用普通机器建立稳定的处理 PB 级数据的集群,把传统而昂贵的并行计算等概念一下就拉到了我们的面前,但是其不适合数据分析人员使用(因为 MapReduce 开发复杂),所以 PigLatin 和 Hive 出现了，为我们带来了类 SQL 的操作，到这里操作方式像 SQL 了，但是处理效率很慢，绝对和传统的数据库的处理效率有天壤之别，所以人们又想怎样在大数据处理上不只是操作方式类 SQL，而处理速度也能"类 SQL"，Google 为我们带来了 Dremel/PowerMill 等技术，Cloudera（Hadoop 商业化最强的公司，Hadoop 之父道格·卡廷就在这里负责技术领导）的 Impala 也随之出现了。

整体来看，未来的趋势是，云计算作为计算资源的底层，支撑着上层的大数据处理；而大数据的发展趋势是，实时交互式的查询效率和分析能力，借用 Google 一篇技术论文中的话，"动一下鼠标就可以在秒级操作 PB 级别的数据"。

第二节 基于云计算的数据挖掘技术

分布式并行计算框架是高效完成数据挖掘计算任务的关键。目前流行的一些分布式并行计算框架都对分布式计算的一些技术细节进行了封装工作，这样用户只需要考虑任务间的逻辑关系，而不用再过多的关注这些技术细节，这样一来不仅大大提高了研发的效率，而且还可以有效地降低系统维护的成本。典型的分布式并行计算框架有谷歌提出的 MapReduce 并行计算框架、Pregel 迭代处理计算框架等。目前业界开源的云计算平台 Hadoop 平台，包含 HDFS 和 MapReduce，为海量数据挖掘提供完备的云计算平台和支撑平台。

一、基于云计算进行数据挖掘的关键技术

云计算的出现为数据挖掘技术的发展提供了新的方向，数据挖掘技术基于云计算可以发展新的模式，就具体的实现来说，其中几个关键技术的发展至关重要。

（一）数据汇集调度技术

数据汇集调度技术需要实现的是对接入云计算平台的不同类型数据的汇集与

调度。数据汇集与调度需要支持不同格式的源数据，同时还要提供多种数据同步方式。解决不同数据的规约问题是数据汇集调度技术的主要任务，技术解决方案需要考虑对网络上不同系统生成的数据格式的支持，如联机事务处理系统数据、联机分析处理系统数据、各种日志数据、爬虫数据等，如此才能顺利实现数据的挖掘与分析。

（二）服务调度和服务管理技术

为了能够让不同的业务系统使用计算平台，平台必须要提供服务调度和服务管理功能。服务调度根据服务的优先级以及服务和资源的匹配情况等进行调度，解决服务的并行互斥、隔离等，保证数据挖掘平台的云服务是安全、可靠的，并根据服务管控进行调度控制。服务管理可以实现统一的服务注册、服务暴露等功能，不仅支持本地服务能力的暴露，也支持第三方数据挖掘能力的接入，可以很好地去扩展数据挖掘平台的服务能力。

（三）挖掘算法并行化技术

挖掘算法并行化是有效利用云计算平台提供的基础能力的关键技术之一，涉及算法是否可以并行、并行策略的选择等技术。数据挖掘算法主要有决策树算法、关联规则算法、K-平均值算法等。算法的并行化，是利用云计算平台进行数据挖掘的关键技术。

二、基于云计算的数据挖掘技术成果

目前，基于云计算的数据挖掘在某些方面已有一些成果。下面是基于云计算的数据挖掘技术的研究成果。

作为中国最早的基于云计算平台的并行数据挖掘系统之一的PDMiner（Paraller Distributed Miner）是由中国科学院计算基数研究所开发的，它是基于开源云计算平台 Hadoop 的并行分布式数据挖掘平台。

中国移动研究院研发了基于云计算平台 Hadoop 的并行数据挖掘工具,由于采用云计算基数,因此实现了海量数据的存储、分析、处理、挖掘,并且可以向经分系统及网管系统提供可靠性、高性能的数据挖掘分析支撑工具。

ASF 开发的一个全新的开源项目数据挖掘平台 Apache Mahout,实现了开发人员在 Apache 许可下免费使用的目标,并且创建一些可伸缩的机器学习算法。Mabout 包含许多实现,包括集群、分类、CP 和进化程序。Mahout 通过使用 Apache Hadoop 库可以有效地扩展到云中。

开放数据组利用 Python 语言开发的开源数据挖掘系统 Augustus 支持预测模型标记语言,同时可以比较轻松地运行在 Amazon 的云计算平台上。

德国弗劳恩霍夫协会智能分析和信息系统研究所在开源的数据挖掘软件 Weka 和开源云平台 Hadoop 之上实现了一个图形化的数据挖掘工具包,同时他们将件该软件和平台结合在一起,实现了软件在平台上的转移。

三、基于云计算的数据挖掘技术面临的问题和挑战

云计算技术虽然已经有了很多成果的应用,但是其技术还不成熟,云计算还处于初级阶段。所以,用云计算的方式来处理数据挖掘必然还存在很多的问题与挑战。这些问题和挑战主要在体现以下几个方面。

(1)基于云计算数据挖掘算法的并行性存在一些挑战。用什么样的算法来处理目前的数据挖掘,这是目前一个首要的问题。并不是所有算法都能够用云计算的方式完成目前的任务,我们需要选择合适的算法,并采取适当的并行策略,然后才能提高并行效率。

(2)不确定性。数据挖掘当中有很多不确定性,之所以说数据挖掘,实际上就是要克服不确定性所带来的影响。首先,数据挖掘任务的描述具有不确定性,数据

采集和预处理也带有很多的不确定性。其次,数据挖掘的方法和结果具有不确定性。什么样的方法和结果吻合目标还需要在做数据挖掘过程中,把不确定性确定下来。最后,挖掘结果的评价也是不确定的。因为每一个用户所关注的最终的挖掘目标不一样,这就导致了对挖掘结果的评价也有不确定性。

(3)软件、服务可信的问题与挑战。在云计算环境下实现数据挖掘,就导致了数据挖掘云服务软件的可信性问题变得比较突出。首先,是服务的正确性。其次,是服务的安全性。最后,是服务的质量。

对于上面的问题和挑战,有以下一些对策。

(1)基础建设方面,要建设数据挖掘云服务的平台。在云服务平台上,专业人士可以提供相关服务,大众和各种组织成为服务的受益方,而且这个平台要按领域、行业来构建,要根据个性化和多样化原则构建。

(2)数据挖掘云服务要依赖于虚拟化技术,需要计算资源,需要自主分配和调度,虚拟化技术是数据挖掘云服务技术的支撑。

(3)需求方面,对个性化、多样化需求,需要大众参与,有了大众的参与,个性化和多样化的需求就能够更好地得到满足。

(4)可信性方面,算法要通用,要可查、可调、可视。

(5)安全方面,隐私数据可以加密来保护,可以有一些安全措施。

第三节 基于云计算的数据挖掘系统

两种经典的数据挖掘算法 ID3 决策树与 K-means 聚类以插件方式实现并带有基本的测试用数据集以验证数据规约工具以及本系统的有效性与执行效率。

一、系统开发环境

系统开发工具为 Eclipse3.4,开发语言为 Python,基于 Google 开放的云计算开发平台 App Engine SDK 开发。

Eclipse 是著名的跨平台自由集成开发环境(IDE)，最初主要用来 Java 语言开发，但可通过插件使其作为其他计算机语言比如 C++ 和 Python 的开发工具。Eclipse 本身只是一个框架平台，但众多插件的支持使得 Eclipse 拥有其他功能相对固定的 IDE 软件很难具有的灵活性。所以许多软件开发商以 Eclipse 为框架开发自己的 IDE。选用 Eclipse 作为开发工具是因为其易用、开源、免费与跨平台性，并且支持多种语言开发，可以方便本系统的协同开发工作。

Python 是一种面向对象的解释性的计算机程序设计语言，也是一种功能强大而完善的通用型语言，已经具有几十年的发展历史，成熟且稳定。选用 Python 作为开发语言是因为其可移植性与可嵌入性可为协同开发带来方便。

Google App Engine 是 Google 开放的云计算开发环境，通过 Google App Engine，即使在重载和数据量极大的情况下，也可以轻松构建能安全运行的应用程序。该环境具有动态网络服务、持久存储与查询、自动扩展和载荷平衡等特点。此外，Google App Engine 还提供一种功能完整的本地开发环境 App Engine 软件开发套件(SDK)，以及可以在开发者的本地计算机上模拟所有 App Engine 服务的网络服务器应用程序。该 SDK 包括 App Engine 中的所有 API 和库。该网络服务器还可以模拟安全 Sandbox 环境，包括检查是否存在禁用模块的导入以及对不允许访问的系统资源的尝试访问。Python SDK 完全使用 Python 实现，可以在装有 Python2.5 的任何平台上顺利运行，包括 Windows、Mac OS X 和 Linux。用户可以在 Python 网站上获得适用于自己的系统的 Python。该 SDK 以 Zip 文件的方式提供，安装程序可用于 Windows 和 Mac OS X。该 SDK 还包括可将在本地开发的应用程序上传到 App Engine 的工具。创建应用程序的代码、静态文件和配置文件后，即可运行该工具上传数据。管理控制台是基于网络的界面，用于管理在 AppEngine

上运行的应用程序。开发者可以使用它创建应用程序、配置域名、更改应用程序当前的版本、检查访问权限和错误日志以及浏览应用程序数据库。

二、系统开发的关键思想与技术

（一）原型开发模型

综合投入风险产出比，所以系统采用原型开发模型，一方面为将来的系统功能接口变更等需求改变提供便捷，一方面快速形成原型以方便在其基础上迭代开发。

原型开发过程如下所述。

1. 快速分析

在分析人员与用户密切配合下，迅速确定系统的基本需求，根据原型所要体现的特征描述基本需求以满足开发原型的需要。

2. 构造原型

在快速分析的基础上，根据基本需求说明尽快实现一个可行的系统。这里要求具有强有力的软件工具的支持，并忽略最终系统在某些细节上的要求，如安全性、坚固性、例外处理等等，主要考虑原型系统能够充分反映索要评价的特性，而暂时删除一切次要内容。

3. 运行原型

这是发现问题、消除误解、开发者与用户充分协调的一个步骤。

4. 评价原型

在运行的基础上，考核评价原型的特性，分析运行效果是否满足用户的愿望。纠正过去交互中的误解与分析中的错误，增添新的要求，并满足因环境变化或用户的新想法引起的系统要求变动，然后提出全面的修改意见。

5. 修改

根据评价原型的活动结果进行修改。若原型未满足需求说明的要求，说明对需求说明存在不一致的理解或实现方案不够合理,则根据明确的要求迅速修改原型。

在这里,由于系统的用户是各种数据挖掘使用者与二次开发者,用户需求相对复杂,难免会有一定变更,遵循以上原则,可以使这种变更相对简单的实现。

(二)基于WSGI规范的开发

WSGI(Web Server Gateway Interface)是一种Web组件的接口规范,也是Web服务器以及Web服务器与应用服务器交互的一种规范。WSGI是Python应用程序或框架和Web服务器之间的一种接口,现已经被广泛接受,基本达成了它可移植性方面的目标。WSGI没有官方的实现,因为WSGI更像一个协议,只要遵照这些协议,WSGI应用就可以在任何服务器上运行,反之亦然。

基于WSGI规范开发有众多好处,本系统基于其规范开发的目的,主要用于提高系统的可用性以及实现系统的跨平台性。首先,基于WSGI规范实现的Web比单纯的桌面应用程序或者是C/S模式的应用程序使用起来更加简便且使用方法多元化,它具备所有B/S模式的优点,用户可以简单地使用客户端,通过各种浏览器访问系统,用户接入网络的终端可供选择的方式也多种多样,包括各种移动设备在内的智能终端都可以满足需求。另一方面,WSGI规范由Python开发语言来实现,Python作为一种跨平台开发语言,所开发的系统可以在各种主流操作系统上运行,这样无论是将开发好的系统部署到云计算平台还是在本地开发时使用各种操作系统都非常方便。

第三章　大数据

近年来，云计算已成为新兴技术产业中最热门的领域之一，也是继个人电脑和互联网变革之后的第三次信息技术浪潮。它将给人类的生活、生产方式和商业模式带来根本性的变化。随着云计算技术的发展，人们收集、存储和处理数据的能力比以往任何时候都要强，从数据中提取价值的能力也得到了极大的提高。云计算的蓬勃发展开启了大数据时代的大门。随着互联网、移动互联网、物联网、数字设备等的飞速发展，越来越多的智能终端和传感器设备被连接到网络上。由此产生的数据和增长率超过历史上任何时候。社会信息正步入大数据（大数据）时代，大数据概念逐渐成为发展趋势，为人们认识世界和制定决策打开了新的大门。

第一节　大数据基金会

人、机、物的结合导致了数据规模的爆炸式增长和数据模型的高度复杂性。世界已经进入大数据（大数据）时代。基因组学、蛋白质组学、天体物理学和脑科学等传统学科产生了越来越多的数据。根据互联网数据中心（互联网数据中心）的数据，2011年全球创建和复制的数据总数为1.8 ZBS，到2020年增至40 ZBS，是2012年的12倍。到2020年，中国的数据量将超过8 ZB，是2012年的22倍。其中80%以上来自个人（主要是图片、视频和音乐），远远超过人类历史上所有印刷材料（200 PB）的总数据量。数据量的快速增长带来了大数据技术和服务市场的繁荣和发展。

一、大数据技术综述

（一）大数据介绍

数据是存储在包含信息的介质上的物理符号。数据的存在方式非常多，从古代结绳、小棍到现在的硬盘都是数据存在的方式。数据伴随着人类的发展，人类创造的数据也随着技术的发展而增加，特别是在电子时代，人类产生数据的能力得到了前所未有的提高。数据的增加使得人们不得不面对这些海量的数据，大数据这个概念就是在这种历史背景条件下提出的。大数据是传统的 IT 技术和软硬件工具在一个不可容忍的时期内无法感知、获取、管理、处理和服务的一组数据。传统的 IT 技术和软硬件工具是指传统的计算机计算模式和传统的数据分析算法。因此，大数据分析的实现通常需要从两方面开始着手：一是利用聚类方法获得强大的数据分析能力；二是研究新的大数据分析算法。大数据技术是用来传输、存储、分析和应用大数据的软硬件技术。从高性能计算的角度来看大数据系统，可以认为大数据系统是一种面向数据的高性能计算系统。

（二）大数据产生的原因

大数据概念的出现并非无缘无故。生产力决定生产关系的原因在技术领域仍然有效。正是因为技术已经达到了一定的阶段，才不断产生大量的数据，使当前的技术面临重大挑战。大数据出现的原因可以概括如下。

1. 数据生产方法的自动化

数据生产经历了从结绳计数到完全自动化的过程，人类的数据生产能力已不再具有可比性。随着物联网技术、智能城市技术和工业控制技术的广泛应用，数据生产是完全自动化的，自动化的数据生产必然会产生大量的数据。即使是今天人们使用的大多数数字设备也可以被认为是一种自动化的数据生产设备。我们的手机将与数据中心保持联系，通话记录、位置记录、成本记录将由服务器记录，使用计算机时我们访问网页的历史记录、访问习惯将由服务器记录和分析。我们生活在城市和社区，到处都是传感器和摄像机，它们不断地产生数据，保护我们的安全；天空中的卫星、地面上的雷达、空中的飞机不断自动生成数据。

2. 数据生产被整合到每个人的日常生活中

在计算机的早期，数据的制作往往只由专业人员去完成。随着计算机技术的飞速发展，计算机得到了迅速的普及。特别是手机和移动互联网的出现，将数据的产生与每个人的日常生活结合起来，每个人都成为数据的生产者。个人数据的产生呈现出随时随地、移动化的趋势，我们的生活已经是数字化的生活了。

3. 越来越多的图像、视频和音频数据

几千年来，人们主要依靠文本来记录信息。随着科技的发展，越来越多的人慢慢使用视频、图像和音频来记录和传播信息。过去，我们只通过文本在互联网上聊天，现在我们可以使用视频。人们越来越习惯使用多媒体进行通信。城市的摄像机每天都会产生大量的视频数据，由于技术的进步，图像和视频的分辨率越来越高，数据量也越来越大。

4. 网络技术的发展为数据生产提供了极大的便利

在前面提到的大数据的原因中，仍然缺乏一个重要原因：互联网。网络技术的迅速发展是大数据的重要催化剂。没有网络的发展，就没有移动互联网，我们就不可能随时随地实现数据生产；没有网络的发展，就不可能实现大数据视频数据的传输和存储；没有网络的发展，就不会有大量数据的自动生成和传输。网络的发展催生了云计算等网络应用，将数据产生的触角延伸到网络的各个终端，使任何终端产生的数据能够快速有效地传输和存储起来。很难想象大数据会出现在一个非常恶劣的网络环境中，因此我们可以认为大数据的出现取决于集成电路技术和网络技术的发展。集成电路为大数据的产生和处理提供了计算能力的基础，网络技术为大数据的传输提供了可能。

5. 云计算概念的出现进一步推动了大数据的发展

云计算的概念在2008年左右进入我国。1960年，人工智能之父麦卡锡预言，"未来计算机作为公共设施向公众开放"。2012年3月，在国务院工作报告中，云计算作为附录给出了政府官方的解释，表现了政府对云计算产业的重视。云计算在政府工作报告中被定义为："云计算：一种用于增加、使用和提供基于互联网的服务的模型，通常涉及在互联网上提供动态可伸缩和经常虚拟化的资源。"它是传统计算机和网络技术融合的产物，这意味着计算能力也可以作为一种商品在互联网上流通。随着云计算的出现，计算和服务可以通过网络提供给用户，用户的数据也可以很容易地通过网络传输。云计算在未来扮演着重要的角色。数据的生产、处理和传输可以通过网络快速进行，改变了传统的数据生产模式。这一变化大大加快了数据生产的速度，对大数据的产生起到了至关重要的作用。

（三）数据计量单位

大数据出现后，计量单位的数据也逐渐变化。常用的 MB 和 GB 不能有效地描述大数据。当大数据研究和应用时，我们经常会接触到数据存储的测量单位。数据存储的测量单位描述如下。

在计算机科学中，我们通常使用二进制数，如 0 和 1 来表示数据信息。最小的信息单位是位，0 或 1 是位。8 位是字节（字节），例如 10010111 是字节。人们习惯于用大写字母 B 来表示拜特。在单个系统中，信息通常以 2 为单位，如 1024 Byte=1KB（Kilo-Byte，千字节）。

目前，主流市场的硬盘容量大多为 TB，典型的大数据将普遍采用 PB、EB 和 ZB 三个单元。

（四）大数据是人类认识世界的一种新手段

由于好奇的天性，人类不断地认识自己所生活的世界。古人通过观察了解世界,发现火可以煮食物、石头可以凿坚果,发现月亮有圆缺。随着知识的不断积累,人类开始把通过观察和实验获得的感性知识作为理论加以总结出来。伽利略在比萨斜塔的实验中,两个大小不同的铁球同时落地,这是人类认知从感性经验上升到理性理论的一个重要实验。有了理论,人类就可以用理论来分析和预测世界。我们有日历,可以预测一年中的季节,指导春天和秋天的栽培。随着理论的逐步完善,人类只有通过计算和模拟才能发现和理解新的规律。目前,大量材料在材料科学研究中的特点是通过"第一原理"和软件模拟来完成的。在全面禁止核爆炸的情况下,原子弹的研究也完全依赖于模拟核爆炸的计算。人类认识世界的方式经历了实验、理论和计算三个阶段。随着网络技术和计算机技术的发展,人类最近获得了一种新的认识世界的方式,即用大量的数据来发现新的规律。这种认识世界的方法被称为"第四范式"。这是由美国著名科学家吉姆·格雷(Jim Gray)在2007年提出的。这标志着正式采用数据作为了解世界的公认方式。大数据出现后,人类认识世界的途径有四种:实验、理论、计算和数据。现在我们一年可能比过去几千年产生更多的数据,甚至 $O(n)$ 数据处理方法面对一个庞大的 n 的复杂性似乎也是无法做到的。人类逐渐进入大数据时代。第四种范式表明,利用海量数据和高速计算可以发现新的知识。在大数据时代,计算和数据之间的关系变得非常密切。

(五)几种高性能计算系统的比较分析

大数据系统(Big Data System)也是一种高性能计算系统,为了完成传统技术无法及时完成的、能够接受和满足应用需求的大量数据计算任务,通常采用集群方式实现。从传统的计算机科学出发,高性能计算系统主要应用于材料科学计算、天气预报、科学模拟等科学计算领域。这些领域的计算工作以大量的数值计算为基础,是一个典型的计算密集型高性能计算应用。在人们的心目中,高性能计算主要是由一些科学家使用的,而且离人们的日常生活还有着很远的距离。随着越来越多的数据为人们所掌握，高性能的计算系统不可避免地需要应对海量数据带来的挑战。高性能数据计算系统使得高性能计算领域得到了扩展。随着大数据应用的普及，高性能计算逐渐进入人们的日常生活。从高性能计算的角度来看，大数据系统是一种面向数据的高性能计算系统，其基本结构通常是基于集群技术的。

大数据系统继承了传统高性能计算的基本框架，优化了海量数据的处理，使高性能的计算能力更容易有效地被应用于海量数据的分析计算中。在大数据系统条件下，在高性能计算中必须认真考虑系统中的数据存储和移动问题。该系统的体系结构复杂度高于面向计算的高性能计算系统。大数据系统往往屏蔽了用户内部管理和调度的复杂性，实现了数据的自动化并行处理，降低了编程的复杂度。在面向计算的高性能计算系统中，通常要求程序员对计算问题进行分段处理，并对每个计算节点都进行管理。由于大数据系统对系统的高可用性和可扩展性做了大量的工作，使得大数据系统的计算节点易于扩展，对单个节点的失效不敏感。因此，一些大数据系统，如谷歌，可以拥有超过100万个节点。然而，面向计算的高性能计算系统通常不会自动处理节点故障，当节点数量大时，人工调度计算资源将面临很大的技术困难。因此，它只能应用于专业领域。

（六）主要的大数据处理系统

大数据可以处理各种数据源，如结构化数据、半结构化数据、非结构化数据。对数据处理的需求是不同的。在某些情况下，大量的现有数据需要分批处理；在另一些情况下，大量的实时数据需要实时处理。在某些情况下，数据分析需要进行迭代计算，在某些情况下，需要对图形数据进行分析和计算。目前，主要的大型数据处理系统包括数据查询分析计算系统、批处理系统、流程计算系统、迭代计算系统、图形计算系统和内存计算系统。

1. 数据查询分析计算系统

在大数据时代,数据查询分析计算系统需要具有实时或准实时查询大规模数据的能力。数据规模的增长已经超过了传统关系数据库的承载能力和处理能力。目前,主要的数据查询分析计算系统包括 HBASE、Hive、Cassandra、Impala、Shark、Hana 等。

HBASE:HBASE 是一个开源的、分布式的、面向列的、非关系数据库模型,是 Apache Hadoop 项目的一个子项目。它实现了压缩算法、内存操作和 Bloom 过滤器。HBASE 的编程语言是 Java。HBASE 的表可以用作 Map Reduce 任务的输入和输出,并可以通过 Java API 访问。

Hive:Hive 是一个基于 Hadoop 的数据仓库工具,用于查询和管理分布式存储中的大数据集。它提供了完整的 SQL 查询功能,可以将结构化数据文件映射到数据表中。Hive 提供了一种 SQL 语言(Hive QL),它将 SQL 语句转换为要运行的 Map Reduce 任务。

Impala:由 Cloudera 开发,是一个开源的大型并行 SQL 查询引擎,运行在 Hadoop 平台上。用户可以使用标准的 SQL 接口工具查询存储在 Hadoop 的 HDFS 和 HBASE 中的 PB 大数据。

Shark 上的数据仓库实现:星星之火,即 SPark 上的 SQL,与 Hive 兼容,但处理 Hive QL 的速度却是 Hive 的 100 倍。

Hana:Hana 是 SAP 公司开发的一个数据独立、基于硬件和基于内存的平台。

2. 批处理系统

Map Reduce 是一种广泛使用的批处理计算模型。Map Reduce 对大数据采用"分而治之"并行处理的思想,数据关系简单,易于划分开来。数据记录的处理分为两种简单的抽象操作,即 Map 和 Reduce,并提供了统一的并行计算框架。批处理系统封装了并行计算的实现，大大降低了开发人员并行编程的难度。Hadoop 和 SPark 是典型的批处理系统。Map Reduce 的批处理模式不支持迭代计算。

Hadoop：目前大数据是最主流的平台，是 Apache Foundation 的开源软件项目，使用 Java 语言开发和实现。Hadoop 平台使开发人员能够在不了解底层分布式细节的情况下开发分布式程序，并在集群中存储和分析大数据。

SPark（火花）：SPark 是由加州大学伯克利分校的 AMP 实验室开发的。它适用于机器学习、数据挖掘等计算任务。SPark（火花）引入了内存计算的概念。在运行 SPark 时，服务器可以将中间数据存储在 RAM 内存中，大大加快了数据分析结果的返回速度，可用于交互式分析场景当中。

3. 流量计算系统

流计算具有很强的实时性，需要不断生成数据的实时处理，使数据不积压、不丢失，经常用于处理电信、电力等行业及互联网行业的访问日志等。

水槽：水槽由 Cloudera 公司开发，功能与 Scribe 相似。它主要用于实时采集海量节点上生成的日志信息，存储在类似 HDFS 的网络文件系统中，并根据用户的需要对相应的数据进行合理分析。

Storm：基于拓扑的分布式流数据实时计算系统，由 Back Type 公司开发，已被开源，并已应用于淘宝、百度、支付宝、Groupon、Facebook 等平台，是主流数据计算平台之一。

S4：S4 的全称是简单的可扩展流媒体系统，是雅虎开发的通用、分布式、可扩展、部分容错、可插拔的平台。其设计目的是根据用户的搜索内容得到相应的推荐广告。现在它是开源的，是一个重要的大数据计算平台。

火花流：火花流是建立在火花基础上的。流量计算被分解为一系列短批任务，网站流量统计是一种典型的星火流使用场景。这种应用不仅需要实时的，而且还需要聚合、重叠、连接等统计计算操作。如果使用 Hadoop Map Reduce 框架，可以很容易地达到统计要求,但不能保证实时性。如果使用 Storm,我们可以保证实时性能,但很难实现。火花流可以很容易地以准实时的方式实现复杂的统计要求。

4.迭代计算系统

由于 Map Reduce 不支持迭代计算,所以人们对 Hadoop 的 Map Reduce 进行了改进。Haloop、Map Reduce、Twister 和 SPark 是典型的迭代计算系统。

Haloop:Haloop 是 Hadoop Map Reduce 框架的一个修改版本,用于支持迭代的递归类型的数据分析任务,如 PageRank、K-Means 等。

Map Reduce:一个基于 Map Reduce 的迭代模型,实现了 Map Reduce 的异步迭代。

Twister:基于 Java 的迭代 Map Reduce 模型,并将上一轮约简的结果直接传输到下一轮 Map。

星星之火:星星之火是一个基于内存计算的开源集群计算系统。

5.图计算系统

社交网络、网络链接等包含着复杂关系的图形数据,这些图形数据规模,可以包含数十亿个顶点和数百亿个边,图形数据需要由一个特殊的系统来存储和计算。

(七)处理大数据的基本程序

大数据的处理流程可以定义为利用合适的工具提取和集成各种异构数据源,按照一定的标准统一存储起来,并利用适当的数据分析技术对存储的数据进行分析,从中提取有用的知识,并以适当的方式将结果呈现给最终用户。

1.数据提取与集成

由于大数据处理的数据源类型丰富,所以大数据处理第一个数据源。该步骤是提取和集成数据,从数据中提取关系和实体,并通过关联和聚合操作,按照统一的定义格式存储数据。数据抽取和集成有三种方法:基于物化或数据仓库的引擎、基于联邦数据库或中间件的引擎和基于数据流的引擎。

2. 数据分析

数据分析是大数据处理过程中的核心环节。通过数据的提取和集成，从异构数据源中获取用于大数据处理的原始数据。用户可以根据自己的需要对这些数据进行相应分析和处理，如数据挖掘、机器学习、数据统计等。数据分析可用于决策支持、商业智能、推荐系统、预测系统等。

3. 数据解释

大数据处理过程中用户最关心的是数据处理的结果，正确的数据处理结果只有通过适当的方式才能被最终用户正确理解，所以数据处理结果的显示是非常重要的。可视化和人机交互是数据解释的主要技术。

在开发调试程序时，经常会通过打印语句来显示结果，这些语句非常灵活和方便，但只有熟悉该程序的人才能很好地理解打印的结果。

利用可视化技术，可以通过图形的方式将处理后的结果可视化地呈现给用户。标签云、历史流、空间信息流等是常用的可视化技术。用户可以根据自己的需要灵活地使用这些可视化技术。人机交互技术可以引导用户逐步分析数据，使用户参与数据分析的过程，深入了解数据分析的结果。

二、大数据的典型应用实例

（一）大数据在高能物理中的应用

高能物理是推动计算技术发展的主要学科之一。万维网技术的出现源于高能物理对数据交换的需求。高能物理是一门自然学科，而面对大数据，高能物理科学家往往需要从大量的数据中找出一些粒子事件的小概率，这就像是在大海捞针。世界上最大的高能物理实验设备是日内瓦欧洲核中心（CERN）的大型强子对撞机，其主要物理目标是寻找希格斯（Higgs）粒子。高能物理中的数据处理是典型的离线处理，探测器组负责在实验中获取数据，现在每年收集的最新 LHC 实验数据达到 15PB。为了识别高能物理中有用的事件，可以利用并行计算技术对每个数据文件进行独立的分析和处理。中科院高能物理研究所第三代探测器 BES Ⅲ 的数据规模已达到 10PB 左右。在大数据量的条件下，高能研究所的数据中心系统可以通过计算、存储和网络直接进行测试。

（二）建议制度

推荐系统可以利用电子商务网站向客户提供信息和建议，帮助用户决定购买什么，模拟销售人员帮助客户完成购买过程。我们经常在网上看到一个产品推荐或系统弹出在一个特定的位置，这些项目可能正是我们所感兴趣或想要购买的。这就是推荐系统发挥作用的地方。目前，推荐系统在商品推荐、新闻推荐、视频推荐等方面都发生了变化，推荐方式包括网页推荐、电子邮件推荐、弹出推荐等。推荐过程的实现完全依赖于大数据。当我们访问网络时，我们的访问行为被各种网站记录和模拟。一些算法还需要融合大量的其他人的信息，得到每个用户的行为模型，并将模型与数据库中的产品进行匹配，以完成推荐过程。为了实现这一点，推荐过程中需要存储大量的客户访问信息，对大量的电子商务站点用户来说，这些信息数据是非常大的。推荐系统是一个非常典型的大数据应用，只有在对大量数据进行分析的基础上，推荐系统才能准确地获得用户的兴趣点。有些推荐系统甚至结合用户社交网络来实现推荐，需要对较大的数据集进行分析，从而挖掘数据之间的广泛关联。推荐系统使得大量看似无用的用户访问信息具有了巨大的商业价值，这就是大数据的魅力所在。

三、大数据集群技术

摩尔定律指出，当价格不变时，集成电路上可以容纳的晶体管数量将每 18 个月就增加一倍，其性能将翻一番。随着集成电路逐渐达到物理极限，进入量子力学的规模，摩尔定律预测的增长率逐渐降低。同时，全球数据的增长速度也越来越快，并且逐渐超过了集成电路的增长速度。采用集群技术已经成为迎接大数据挑战的最直接的途径。当CPU计算速度不能满足数据增长的需要时，可以增加计算节点，这从技术角度来说是最简单的。所以目前我们看到的大数据系统基本上都已经采用了集群结构。

集群系统、并行计算一直被认为是一种高端设备，只有少数人有能力和机会使用，但大数据的出现使集群系统逐步走进我们的日常生活。同时，也为集群系统体系结构的发展提供了难得的历史机遇。大数据概念出现后，提出了基于集群的大数据的不同体系结构，有的面向批量处理，有的面向流程处理，集群技术的发展将在大数据时代获得新的活力。学习和理解大数据系统还需要了解集群系统的基本知识，下面介绍集群系统的一些基本知识。

（一）集群文件系统的基本概念

数据存储是人类不懈的研究内容之一。最早的原始人用结绳来记录和存储数据。后来，中国商代以甲骨文作为信息存储的载体。在西周和春秋时期，竹简开始被用作信息载体。竹简是中国历史上最长的信息记录载体之一。2世纪初，东汉蔡伦成功地改进了造纸术。从那以后，纸张已经成为1000多年来主要的信息记录载体。直到今天，我们仍然用纸作为信息记录的载体。

计算机的出现又改变了记录信息的方式，从穿孔纸带、磁鼓到硬盘、CD、Flash芯片等。几十年来，人类记录信息的能力发生了几个数量级的变化。

信息记录伴随着人类历史的发展，文件系统技术是云计算技术发展的重要组成部分，数据存储对云计算系统的体系结构有着重要的影响。传统的存储方式通常是集中部署磁盘阵列，这种存储结构简单方便，但当使用数据时，不可避免地会出现数据在网络上传输情况，给网络带来很大的压力。随着大数据技术的出现，面向数据的计算已经成为云计算系统需要解决的问题之一，集中式存储模式面临巨大的挑战。计算迁移到数据的新概念使集中式存储不再存在,集群文件系统在这种情况下应运而生。目前,HDFS、GFS、Lustre 等文件系统都属于集群文件系统。

集群文件系统存储数据时,不把数据放在单个节点存储设备上,而是根据一定的策略将数据分配到不同物理节点的存储设备上。集群文件系统集成系统中每个节点的存储空间,形成虚拟全局逻辑目录。当集群文件系统根据逻辑目录访问文件时,根据文件系统固有的存储策略和相应的物理存储位置实现文件的定位。集群文件系统比传统的文件系统复杂,需要解决不同节点上的数据一致性和分布式锁定机制,因此集群文件系统已经成为云计算技术的核心研究内容之一。

在云计算系统中采用集群文件系统具有以下优点。

由于集群文件系统本身维护着逻辑目录和物理存储位置之间的对应关系,集群文件系统是许多云计算系统实现数据计算迁移的基础。通过使用集群文件系统,可以在数据的存储节点位置启动计算任务,从而避免了由于数据在网络上传输而造成的拥塞。

集群文件系统可以充分利用每个节点的物理存储空间,通过文件系统形成一个大规模的存储池,为用户提供统一、灵活、可扩展的存储空间。

集群文件系统的备份策略和数据块策略可以实现数据存储的高可靠性和数据读取的并行化,从而提高数据的安全性和数据访问效率。

利用集群文件系统可以实现利用廉价服务器建立大规模高可靠性存储的目的,并通过备份机制保证数据的高可靠性和高可用性。

(二)集群系统概览

集群系统是由网络连接的计算机(节点)组成的分布式系统。集群中的每个节点都有独立的存储系统。与共享存储系统相比,集群是一个松散耦合的系统。目前,集群系统是实现高性能计算的主要方法。集群系统既是计算的聚合,也是存储的聚合。这里提到的分布式系统包括分布式计算和分布式存储。

集群系统主要是为了满足高性能计算的需求。早期的高性能计算通常由大型并行计算机和矢量计算机实现。随着单机性能的提高，近年来，高性能计算机大多是通过工作站机群来实现的，甚至高性能机群系统也是通过通用的商用硬件和免费软件来实现的。这类系统被称为Beowolf（贝奥武夫）系统。Beowolf集群是一种用于并行计算的集群体系结构，通常是通过以太网或其他网络由一个主节点和多个子节点连接的系统。它使用市场上可用的普通硬件（如带有Linux的PC）、标准以太网卡和交换机。它不包含任何特殊的硬件设备，可以重新配置。"贝奥武夫"这个词来自现存最古老的英语史诗之一，这个比喻是指以更低的成本与数百万用户共享计算机资源。1994年夏天，托马斯·斯特林和唐·贝克尔在空间数据和信息科学中心利用16个节点和以太网组成了第一个Beowolf集群系统。Beowolf集群的出现使并行计算技术得以普及，以前只有高端用户才能使用的高性能计算系统现在可以在一般实验室中使用。

由于Beowolf系统能够以廉价的设备构建并行计算机系统，在一般的实验室环境下实现高性能的计算，因此它的概念在云计算和大数据领域得到了很好的应用。

人们在集群系统应用中的长期积累使得利用集群来实现大数据系统成为可能。因此，目前的大数据系统都采用了集群技术。从技术角度看，利用集群系统进行大数据的分析和存储是最容易实现的目标。蚁群的基本思想是雄性蚂蚁的策略。当小蚂蚁组成一个团队时，即使是动物中的老虎和狮子也能被打败，但前提是蚂蚁本身能够有效地组织起来。有效组织的集群系统中单个节点的计算能力可能不是很强，但聚集在一起的计算能力却非常强。目前，世界上大多数高性能计算系统都采用集群体系结构。个人的软弱和不稳定，以及整体的力量和稳定，在这里形成了一个完整的统一。

与专用大型计算机系统相比，大数据系统在采用集群体系结构方面具有以下优点。

1. 低价

大数据集群主要由通用的服务器系统组成，一些大型企业可以定制相应的服务器，减少不必要的模块，降低服务器的生产成本。目前，普通服务器的价格已经变得非常便宜，传统的大型机由于都是专用设备，故而非常昂贵。有些系统甚至使用个人计算机来构建类似 Beowolf 系统的廉价集群，并引入相应的技术，以保证整个系统的高可靠性。

2. 良好的系统扩展性

在大数据系统中使用集群可以实现良好的系统扩展性。系统规模将随着数据规模的扩大而扩大。这种扩展性提供了逐步按需扩展的能力，大大节省了系统投资。传统的大型机定制系统缺乏可扩展性，不能适应数据规模的不断扩大。

3. 高可用性

基于集群系统的大数据分布式计算和存储系统可以很容易地实现整个系统的高可用性。系统的单节点故障不再被认为是系统的严重故障。基于集群技术的大数据系统一般假定单点故障是系统的正常状态，个体的不稳定性不影响整个系统的稳定性。例如，Hadoop 系统可以在其存储的数据上实现多个备份存储，以确保节点损坏时不会丢失数据。

4. 简单系统连接

传统的大型机和矢量机的实现需要特殊的技术，但在集群系统中，可以使用公共网络来连接节点。对于一些对数据要求较高的系统，可以采用高性能的通信网络连接，并采用消息传递机制来完成通信机制。这些技术是通用技术，不需要非常特殊的设备。

5. 高系统柔性

集群系统是一种多指令、多数据流的系统，基于集群系统可以实现批量处理大数据系统和流程处理大数据系统。每个节点的存储空间可以由节点本身使用，也可以由一个统一的组织作为分布式文件系统使用。

（三）大数据并行计算的层次结构

在集群中实现大数据处理的一个很大的困难是，当我们将计算任务或数据分析放到集群中进行处理时，没有一种通用的方法。该问题可以用不同的粒度进行分解，这涉及并行计算的层次化问题。并行计算可分为以下几个层次。

1. 程序级并行

如果一个数据分析任务可以分为几个独立的计算任务，并分配给不同的节点进行处理，这种并行就称为程序级并行。程序级并行具有同时进行运算或操作的特性，这意味着问题很容易在集群中执行，子问题之间的通信成本也很小，因为被拆分的任务是独立的。不需要在集群节点之间进行大量数据传输。程序级并行中的每一个计算任务都可以看作一个没有任何计算关联和数据关联的任务，其并行性是自然的和宏观的。

2. 子程序级并行

一个程序可以分为多个子例程任务，并由集群并行执行。最后，通过合并结果得到最终的结果，称为子程序并行。子程序级并行是对程序级并行性的进一步分解，粒度小于程序级并行。一些基于切片数据的批量处理大数据系统可以认为是次级并行。如果 Hadoop 系统数据被分割并存储在分布式文件系统的集群中，则将每个子程序分配给节点，计算完成后，采用约简过程来实现数据合并。这种面向数据的并行计算易于实现并实现了并行化。子程序级并行是大数据系统中并行计算的主要层次。

较小的并行级别还包括语句级并行和操作级并行,这两种类型的并行性在集群中并不常见。由于并行粒度太小,增加了并行任务之间的相关性,节点间的消息通信过于频繁,集群节点之间的数据连接是低速网络连接,而不是总线或芯片级高速连接。在集群系统中,交换通信通常需要计算。由于大数据系统往往涉及大量的数据流量,因此最大限度地减少数据传输是大数据系统的基本原则之一。在Hadoop系统中,为了减少数据通信的压力,采用了数据迁移的计算策略。

(四)大数据系统的分类方法

1.Flynn(弗林)分类

大数据集群类似于并行计算系统,需要面对的对象是计算和数据。传统的高性能计算系统倾向于面向计算,其主要目的是获得快速计算。大数据系统首先把数据的重要性放在首位,在对大数据簇进行分类时,只考虑到计算和数据。Flynn分类是基于指令流和数据流之间的关系。这种分类方法是Flynn于1972年提出的。我们可以使用Flynn对大数据系统进行分类。

单指令单数据系统:每条指令一次只能在一个数据集上运行,这通常是单台串行计算机的操作方式。

单指令多数据系统:同一指令同时运行于不同的数据集上。批量处理大数据系统是一种SIMD系统,它根据一定的规则将海量数据分割成小的数据块,并分配给集群中的每个节点。该系统通过分布式文件系统管理和监控数据存储位置关系,在数据开始计算时将计算程序分发给各节点,并依赖于分布式文件系统从本地机器上读出所需处理的数据。批处理系统对每个数据块执行相同的计算任务,特别适用于批量数据的离线批量处理。该批处理大数据系统可以看作一种SIMD系统。

多指令多数据系统:每个处理单元可以分别执行指令,并且有一个独立的数据集。网络连接的集群系统是一个MIMD系统,因为集群中的每个节点都可以完全独立地计算和存储数据。MIMD集群提供了最大自由度的大数据,基于MIMD可以实现SIMD批量处理,也可以实现流程处理,这就是为什么大数据系统是集群系统的原因。

2. 批流处理

目前的大数据系统可分为两大类:批处理系统和流处理系统。

批处理大数据系统利用数据的空间并行性,根据计算和数据迁移的原理,对海量数据进行划分,实现了数据的并行处理。批处理大数据系统通常是完成对数据的离线分析,典型的响应时间是分钟级、小时级甚至数日。批处理系统具有并行化方法简单、可实现自动并行的优点。然而,由于处理模式是批处理模式,因此在面对实时应用程序或不同的数据块需要不同的计算任务时,它是不灵活的。Hadoop是一个典型的批处理系统。

大数据系统通过开发数据的时间并行性,将数据处理过程划分为具有顺序因果关系的多个处理步骤进行任务分割,从而实现流水线上数据的并行处理。流处理通常用于大数据的实时处理领域,典型的响应时间可以小于秒。由于流程处理系统需要对任务进行合理分段,但任务分割不能像数据分割那样自动完成,还是需要设计者的干预,无法实现自动并行化。然而,流程处理具有更灵活的任务处理能力,已成为大数据关注的焦点。风暴是一种典型的实时流处理系统。

批处理和流处理有各自的应用范围和功能。有些系统可以同时使用批处理和流处理系统,实现了实时反映用户需求的应用实时流处理系统。

(五)单一系统映射

大数据系统所使用的集群系统规模往往很大,而大规模集群系统的协调是一项非常复杂的任务。一般来说,大数据系统的物理结构是非常复杂的,单一的系统映像用户看不到集群的复杂性,用户可以使用大数据集群系统,比如操作一台机器。

单系统映射技术在集群中非常普遍,如高性能的计算集群、网格等系统来实现单一的系统映像。

对于大数据系统,单个系统映像包含以下两方面的含义。

(1)数据可以在系统中分布存储,但只有一个逻辑存储区域供用户使用。用户不关心数据存储在哪个节点上。

(2)数据的计算可以是分布式的,但用户似乎是统一的,计算的分布是由系统统一的。一些大数据系统需要用户对计算进行分段,但用户不需要考虑特定的物理节点分配问题。

一般情况下,单系统映像是为了保证大数据集群系统的物理设备和逻辑视图是孤立的,从逻辑上看,整个系统与一台计算机非常相似。目前,大多数大数据系统都能满足单一系统映像的要求。大数据系统的体系结构是为了隐藏集群的复杂性,这样用户就可以在一个简单的逻辑视图中工作。

(六)组群的一致性

在集群的基础上构建。大数据系统的一致性是一个需要认真对待的重要问题。让我们用一个类比来理解一致性问题:现在我们往往有不止一个存储数据的地方,如办公室计算机、家用笔记本电脑、移动硬盘等。为了确保执行特定任务,我们可能需要将文件复制到便携式硬盘或复制到膝上型计算机。文件通常是在不同的介质中移动的,许多人想知道介质上的文件的哪个版本才是最终版本。这是由于文件在不同媒体中不一致。为了确保所有文件的一致性,我们可能需要在多媒体上不断更新和复制文件的最终版本,这是我们自己的一致性解决方案。但是,在集群系统中这样做并不容易,因为在集群系统中,可以读取、修改甚至删除大量数据,同时也可以有大量用户频繁地进行数据操作。在这种情况下确保一致性可能是相当困难的。

一致性要求系统在并发访问相同数据时返回相同的结果,一致性可分为以下类型:

强一致性：强一致性系统只有在所有副本相同之后才返回，当系统不一致时无法访问，强一致性确保所有访问结果都是一致的。

弱一致性：在弱一致性系统中更新数据后，数据的后续读取不一定会导致更新的值。

最终一致性：最终一致性允许系统在实现一致性之前有一个不一致的窗口周期，并且系统最终可以在窗口周期完成后确保一致性。如果系统不同意，最终一致性允许访问数据。不一致窗口的最大数量可以由通信延迟、系统负载和复制方案中涉及的副本数量等因素决定。

为了实现最终的一致性，需要尽快实现复制。以下两种副本是常用的。

例如，在具有三个副本的分布式文件系统中，第一种方法是在 A 节点接收数据后同时将副本分发给 B 和 C 节点，从而使 A、B、C 中的副本完全一致。第二种方案是在 A 节点接收数据后将副本分发给 B 节点，然后在 B 节点接收数据后将副本分发给 C 节点。该方法可以更好地利用集群中的网络资源。这就是 Google 的 GFS 文件系统的工作方式。

下面从服务器的角度来分析一致性，假设 N 是数据的拷贝数；W 来更新数据需要确保节点的数目完成写入；R 是读取数据的节点数。

当 W+R > N 时，由于节点写入和读取重叠，系统保证了较强的一致性。然后利用抽屉原理证明了强一致性条件。

抽屉原理描述如下：如果你在 N 个抽屉里放了一个以上的东西，至少有一个抽屉里有不少于两个物品。

系统中未正确写入的节点数为 N-W，当 R > N-W 时，如果所有数据读取发生在未正确写入的节点上，则未正确写入的节点必须按照抽屉原则读取两次。这是不实际的，并且至少在正确写入的节点上发生了一次数据读取，因此 R > N-W 条件是系统的强一致性条件，或者可以写为 W+R > N。

例如，为了确保 HDFS 文件系统的高可用性，如果 W3 表示在读取数据时需要编写三份副本，那么所有副本必须是一致的，以确保系统中的强一致性。但这增加了数据写入失败的可能性，只要副本没有正确写入，操作就不会成功。例如，当 W2，Ru2，N=3，只要两份副本被正确写入，系统就可以同时读取两份数据，并且根据抽屉的原则，必须有一份能够正确读取的副本。这确保了数据的强一致性，但如果 R1 系统很可能读取未正确写入的副本节点，因而无法保证系统的一致性，则 W+RN 通常在 W+R <=N（也基于抽屉原则）时是弱一致的，系统可以读取 W+R <=N 中未正确写入的数据。

四、云计算与大数据的发展

（一）云计算和大数据的开发

许多人认为云计算是近年来推出的，事实上早在 1958 年，人工智能之父约翰·麦卡锡（John McCarthy）发明了功能语言 LISP，后来成为 Map Reduce 的来源。约翰·麦卡锡在 1960 年预测，"未来计算机将作为公共设施向公众开放"，这一概念与我们现在定义的云计算非常相似。但是当时的技术条件决定了这个想法仅仅只是对未来技术发展的一个预测。直到这项技术发展到一定阶段，云计算才真正出现。人们普遍认为，云计算是一种新的技术体系和产业模式，在网络技术发展到一定阶段后必然会出现。

随着社会网络、物联网等技术的发展，数据以前所未有的速度增长和积累。根据 IDC 的数据，全球数据量每年增长 50 倍，在两年内翻一番，这意味着世界在过去两年中产生的数据将超过以往所有数据的总和。2011 年，全球数据总数达到 1.8 ZB。到 2020 年，全球数据量将达到 35 ZB。2008 年，Naure 杂志发行了大数据特刊，2011 年《科学》杂志推出了大数据特刊，讨论了科学研究数据的问题。2012 年，大数据的关注度和影响力迅速增长，成为当年达沃斯世界经济论坛（World Economic Forum）的主题。2012年，中国计算机学会成立了大数据专家委员会，并发布了一份关于大数据技术的白皮书。

网络技术在云计算和大数据的发展中发挥了重要作用。我们可以认为，信息技术的发展经历了硬件开发和网络技术两个阶段。在这一阶段，硬件技术的水平决定了整个信息技术的发展水平，硬件的每一个进步都对信息技术的发展产生了强烈的影响。从管技术到晶体管技术再到大规模集成电路，这种技术变革已成为工业发展的核心动力。然而，网络技术的出现已经逐渐改变了简单的硬件能力，决定了技术的发展，通信带宽的发展为信息技术的发展提供了新的动力。在这一阶段，通信带宽已经成为信息技术发展的决定性力量之一。云计算和大数据技术的出现就是这一阶段的产物。它的广泛应用不仅仅是依靠一个人的发明，而是技术发展的必然结果，决定生产关系的生产力规律仍在这里建立。

当前移动互联网的出现和迅速普及，对云计算和大数据的发展起到了一定的推动作用。移动客户端与云计算资源库的结合极大地扩展了移动应用的思想。云计算资源可以在任何时间、任何地点和任何资源条件下在移动终端上实现。移动互联网扩展了以网络资源交付为特征的云计算技术的应用能力。同时，也改变了数据的生成方式，促进了全球数据的快速增长，以及大数据技术和应用的发展。

云计算是一种新兴的、领先的信息技术，它结合了IT技术和互联网实现超级计算和存储的能力。云计算崛起背后的驱动力是高速互联网和虚拟化技术的发展，更廉价、更强大的芯片、硬盘驱动器、数据中心。云计算作为下一代企业数据中心，其基本形式是将大量共享的IT基础设施连接在一起，不受本地和远程计算机资源的限制，可以方便地访问云中的虚拟资源，使用户和云服务提供商能够像访问网络一样进行交互。具体来说，云计算的兴起有以下因素。

1. 高速互联网技术的发展

网络用于信息发布、信息交换、信息搜集、信息处理。互联网内容已不再像往年那样一成不变,门户网站随时更新网站内容,网络功能、网络速度也在急剧变化,网络成为人们学习、工作和生活的一部分。但网站只是云计算应用和服务的缩影,云计算强大的功能是移动互联网、大数据时代的萌芽。

云计算可以利用现有的 IT 基础设施,在很短的时间内处理大量的信息,以满足动态网络的高性能要求。

2. 资源利用需求

能源消耗是企业特别关注的问题。大多数企业服务器的计算能力都很低,但也需要消耗大量的能量来冷却数据中心。云计算模型的引入可以通过整合资源或租用存储空间、租用计算能力等服务来降低企业运营成本,节约能源。

同时,利用云计算集中资源提供可靠的服务,可以降低企业成本,增强企业的灵活性,企业可以花更多的时间去为客户服务,并进一步研发新产品。

3. 简单创新需求

在实际的业务需求中,越来越多的个人和企业用户都在期待着计算机操作的简化,直接通过购买软件或硬件服务,而不是软件或硬件实体。这将为他们的学习、生活和工作带来更多的便利,可以在学习场所、工作场所、住所建立方便的文献或信息共享链接。资源的使用可以简化为用户想要通过网络实现的目标,用户需要在技术上进行创新,使用云计算来提供这一点,同步我们在云中需要的所有数据、文档和程序。

4. 其他所需经费

连接设备、实时数据流、SOA 和移动互联网应用(如搜索、开放协作、社交网络和移动商务)的使用急剧增加。数字组件性能的提高也大大增大了 IT 环境的规模。这进一步加强了对统一云管理的需求。

个人或企业希望能够在不同的地方进行项目和文档的协同工作,在复杂的信息中方便找到他们所需要的信息,这也是云计算出现的原因之一。

人类历史不断在证明生产力决定生产关系,技术发展史也证明技术能力决定技术形态。纵观信息技术的发展历史,我们可以看出,信息产业的发展在不同时期有两个重要的内在动力,即硬件驱动力、网络驱动力。这两种驱动力的对比和变化决定了不同产品在行业中的出现时间和不同形式的企业出现和消亡的时间。正是这两种动力力量的变化导致了信息产业技术体系的分离和融合,技术形式也经历了两个过程:从一体化到分工,从分工到一体化。从最早的集中式计算到个人计算机的分散计算,再到集中式云计算。这是解决许多行业混乱的关键。

硬件驱动时代催生了 IBM、微软、英特尔等企业的出现。20 世纪 50 年代,最早的网络开始出现,网络的力量开始在信息产业发展的动力中显现出来。但当时的网络性能很弱,网络并不是信息产业发展的主要动力,而处理器等硬件的影响仍然占据绝对主导地位。然而,随着网络的发展,网络通信的带宽逐渐增加。从 20 世纪 80 年代的局域网到 90 年代的 Internet,网络逐渐成为推动信息产业发展的主导力量。直到云计算的出现,网络才成为信息产业发展的主要动力。

(二) 为发展云计算和大数据做出贡献的科学家

在云计算和大数据的发展过程中,许多科学家做出了重要的贡献,让我们对这些科学家表示崇高的敬意。

Seymour Clay,是解决计算和存储问题的纪念碑,被称为超级计算机之父。Seymour Clay 生于 1925 年 9 月 28 日,美国人,1958 年设计并制造了世界上第一台基于晶体管的超级计算机,这是计算机发展史上的一个重要里程碑。同时,他也为(RISC)高端微处理器的产生做出了巨大贡献。1972 年,他创立了克莱研究公司,一家专为生产超级计算机而设计的公司。从那时起十多年来,克莱已经创造了克莱-1、克莱-2和其他模型，成为高性能计算领域的重要成员之一。

他亲自设计了 Clay 的所有硬件和操作系统。Clay 机器已经成为高性能计算学者的永久记忆。到1986年1月，世界上已有130台超级计算机投入使用当中，其中约90台由克莱的上市公司 Clay Institute 开发。美国商业周刊在1990年的一篇文章中写道："Seymour Clay 的才华和非凡的干劲给本世纪的科技留下了不可磨灭的印记。"2013年11月，高性能500强中排名第2和第6的都是 Clay 机器。

约翰·麦卡锡，云计算之父。约翰·麦卡锡于1927年生于美国，1951年在普林斯顿大学获得数学博士学位。他因在人工智能领域的贡献而于1971年获得图灵奖，麦卡锡被誉为"人工智能之父"，因为他在1955年的数据会议上引入了"人工智能"的概念。人工智能已成为一门新兴学科。LISP 语言是1958年发明的，几十年后，LISP 语言 Map Reduce 成为谷歌云计算和大数据系统的核心技术。麦卡锡非常有远见，他在1960年提出"计算机将作为一个公共事业在未来提供给公众"，这与云计算的想法没有什么不同。因为他早在半个多世纪前就预言了云计算的新模式，所以我们称他为"云计算之父"。

蒂姆·伯纳斯-李，互联网之父。云计算的出现得益于网络的发展，特别是互联网的出现，极大地促进了网络技术的发展，使用户可以通过网络获得资源和服务。蒂姆·伯纳斯-李（Tim Berners-Lee）1955年出生于英国，是英国皇家学会会员、英国皇家工程师学会会员和国家科学院院士。1989年3月，他正式提出了万维网的想法，1990年12月25日，他在日内瓦欧洲粒子物理实验室开发了世界上第一个网页。最令人敬佩的是，他让这项技术免费提供给人们，并传播到世界各地。

让我们向 http:/info.cern.ch 致敬，这是世界上第一个网页。由于他的杰出贡献，他被称为"互联网之父"。

云计算和大数据是两个不可分割的概念。每个人都成了数据的生产者，物联网的发展使得数据随时随地出现,具有自动化、海量化的特点。大数据不可避免地出现在云计算时代。大数据之父吉姆·格雷(Jim Gray)生于1944年,在加州大学伯克利分校获得计算机科学博士学位。他是一位享有盛誉的数据库专家和1998年图灵奖的获得者。2007年1月11日,美国国家研究委员会计算机科学和通信处的吉姆·格雷阐述了科学研究的第四种范式,认为依靠数据分析和挖掘也可以找到新的知识。目前云计算大数据系统中应用于数据计算的观点已经有了大量的表现。

(三)云计算与大数据的国内发展

自从云计算和大数据概念传入中国,中国对云计算产业和技术的发展给予了极大的重视。中国电子学会率先成立了云计算专业委员会,并于2009年召开了首届中国云计算会议。委员会随后也举行了一次年度会议,成为云计算领域的一次重要会议,并发表了一份年度云计算技术发展报告,报告了当年云计算的发展情况。2012年,中国计算机学会成立了大数据专家委员会,2013年发表了"中国大数据技术与产业发展白皮书",并主办了首届CCF大数据学术会议。

国内研究机构还开展了云计算、大数据研究工作,如清华大学、中国科学院计算研究所、华中科技大学、成都信息工程学院并行计算实验室等正在开展相关的研究工作。研究人员逐渐发现,云计算系统中存在着大量的问题需要解决,如理论框架、安全机制、调度策略、能耗模型、数据分析、虚拟化、迁移机制等。自第四范式提出以来,数据就已经成为科学研究的对象,大数据概念成为继云计算之后的信息产业的又一个热点,并成为科学研究领域的研究热点。

云计算在2008年进入中国,2009年出现了项目,随后数量开始迅速增长,成为三个方向上项目数量最多的国家。大数据的概念自2012年提出以来,有6个项目,2013年,这一数字迅速攀升到53,充分反映了大数据在我国科研领域受到的重视程度。随着云计算和大数据的发展,数据中心的规模越来越大,数据中心的建设和运行面临许多新的问题,数据中心已经成为研究的热点。

这些积累揭示了数据分析和数据操作的作用。拥有用户数据的 IT 企业对传统行业产生了巨大的冲击。"数据为王"的时代即将到来。

第二节　大数据的定义和特点

2012 年 2 月,《纽约时报》(*New York Times*)的一篇专栏文章称,大数据时代已经到来,决策将越来越多地建立在数据和分析的基础上,而不是基于经验和直觉。这并不是一个简单的数据增长问题,而是一个全新的问题,旨在从互联网时代的海量非结构化数据中获取知识和洞察力。

根据维基百科(Wikipedia)的说法,大数据"指的是比普通软件工具在一段时间内收集、管理和处理数据的能力更大的数据集"。与传统数据相比,大数据的特点主要体现在三方面:数据量大、数据类型丰富、数据源广。大数据不仅是海量的数据,而且是云计算的简单应用。它是从各种海量数据中快速提取有价值信息的能力。根据 IDC 的定义,大数据的特征可以表示为质量海量(Volume)、多样性(Variety)、速度(Velocity)和价值(Value)四个"V"。

一、海量

数据生产成本的下降带来了大数据的产生,如无处不在的移动设备,无线传感器每分钟产生的数据,数亿互联网用户的服务不断产生大量的数据交互。此外,科研、视频监控、病历、商业运营数据、大规模电子商务等也是大数据的重要来源。2011 年,工业分析研究公司 IDC 发布了一份新的数字宇宙研究报告(数字宇宙研究),"从混合纯度中提取价值"。报告显示,全球信息总量每两年翻一番。2011 年,全球创建和复制的数据总数为 1.8ZB。预计到 2020 年全球数据量将达到 35ZB,海量数据的存储是一个非常严峻的挑战。

二、多样性

多样性是指数据类型的复杂性,包括传统的结构化数据、非结构化数据和半结构化数据。与传统的结构化企业数据不同,大数据环境中存储在数据库中的结构化数据数量仅为 20%,而在 Internet 上存储的结构化数据量约为 20%。例如,用户创建的数据、社交网络中的人类交互数据和物联网中的物理感知数据都是非结构化和动态的,这些数据占总数据量的 80% 以上。

(1)结构化数据

例如,企业内部生成的数据,主要包括在线事务数据和在线分析数据,通常是结构化的静态历史数据,可以通过关系数据进行管理和访问。数据仓库是处理这些数据的常用方法。

(2)非结构化数据

非结构化数据包括办公室文档、文本、图片、XML、HTML、各种报告、图像和音频/视频信息的所有格式。

(3)半结构化数据

半结构化数据处于结构化数据和非结构化数据之间,通常是自描述性的,数据结构和内容混合在一起。

三、速度

速度是指数据处理的实时性要求,支持交互式、准实时的数据分析。传统的数据仓库、商业智能等应用不需要很高的处理延迟,但在大数据时代,数据的价值随着时间的推移而逐渐下降,所以要尽快形成结果,否则这些结果就可能会过时。

四、价值

企业中的数据主要包括联机事务数据和联机分析数据,这些数据主要通过关系数据库进行结构、管理和访问。这些数据具有很高的密度,但它们是历史数据和静态数据。通过分析这些数据，人们可以知道过去发生了什么，但很难说出未来会发生什么。来自互联网的数据（社交网络、微博等）都是大量新鲜的数据，代表了每个特定网民的想法，反映了他们想要做的事情。这些数据的值密度很低，但与未来相关。这两种数据的有效融合是大数据量的特点。

第三节　大数据技术系统

随着云计算技术的出现和计算能力的不断提高，人们从数据中提取价值的能力也得到了明显的提高。此外，由于通过网络连接的人数、设备和传感器的增加，产生传输、分析和共享数据的能力已经发生了根本的变化，给当前数据管理和数据分析技术的快速发展和广泛应用带来了巨大的挑战。为了从大数据中挖掘出更多的信息，我们需要应对容量、数据多样性、处理速度和价值挖掘等方面的挑战。云计算技术是大数据技术系统的基石。大数据与云计算的发展有着密切的关系。大数据技术是云计算技术的延伸和发展。大数据技术涵盖了从海量数据存储和处理到应用程序的广泛技术。它包括异构数据源融合、海量分布式文件系统、NoSQL 数据库、并行计算框架、实时流数据处理、数据挖掘、商业智能和数据可视化。典型的大数据处理系统主要包括数据源、数据采集、数据存储、数据处理、分析与应用及数据表示。

一、数据采集

在大数据时代，企业、互联网、移动互联网和物联网提供了大量的数据源，这不同于以往主要产生于企业内部的数据，增加了数据采集的难度。同时，为了对这些不同类型的数据进行预处理，需要对数据进行清理、过滤、提取、转换和加载，以及对不同数据源进行融合处理工作。

二、数据存储

大数据时代需要解决的第一个问题是数据的存储,除了传统的结构化数据外,大数据还面临着更多的非结构化数据和半结构化数据存储需求。非结构化数据主要由分布式文件系统或对象存储系统存储,如开放源码的 HDFS、Lustre、Gluster FS、CJoseph 等分布式文件系统可以扩展到 10PB 级甚至 100PB 级。半结构化数据主要存储在 NoSQL 数据库中,而结构化数据仍然可以存储在关系数据库中。

三、数据处理

数据仓库是企业处理传统结构化数据的主要手段。大数据发生了三次变化:①从 TB 级到 PB 级的数据量不断增加,而且还在不断增加;②分析复杂性,从常规分析到深度分析,当前企业不仅满足了对现有数据的静态分析和监控,而且希望对未来的趋势进行更多的分析和预测,以提高企业的竞争力;③硬件平台,传统的数据库大多是基于小型计算机的硬件结构,在数据快速增长的情况下,成本会急剧增加,大数据时代的并行仓库更多是构建通用的 x86 服务器。同时,传统的数据仓库在处理过程中需要大量的数据移动,这在大数据时代是过于昂贵的;再者,传统的数据仓库不能适应快速的变化,因为大数据时代在不断变化的商业环境中,其作用是有限的。

为了满足海量非结构化数据处理的需要,以 Map Reduce 模型为代表的开源 Hadoop 平台几乎成为非结构化数据处理的实际标准。目前,开放源码 Hadoop 及其生态系统越来越成熟,大大降低了数据处理的技术门槛。基于廉价的硬件服务器平台,则可以大大降低海量数据处理的成本。

数据的价值随着时间的推移而降低,因此有必要对数据或事件进行及时的处理,而传统的数据仓库或 Hadoop 工具也需要几分钟的时间来输出结果。为了满足实时数据处理的需要,业界出现了实时流数据分析和复杂事件处理。它主要用于实时搜索、实时交易系统、实时欺骗分析、实时监控、社交网络等。随着数据采集和分析的流程,只保存了少量的数据。

四、数据挖掘

大数据时代的数据挖掘主要包括并行数据挖掘、搜索引擎技术、推荐引擎技术和社会网络分析。

1. 并行数据挖掘

挖掘过程由四个步骤组成:预处理、模式提取、验证和部署。对数据和业务目标有很好的理解是数据挖掘的前提。利用 Map Reduce 计算体系结构和 HDFS 存储系统,实现了算法的并行化和数据的分布式处理。

2. 搜索引擎技术

它可以帮助用户在海量的数据中快速定位他们所需要的信息。只有了解到文档和用户的真实意图,做好内容匹配和重要性排序,才能提供优质的搜索服务。我们需要使用 Map Reduce 计算体系结构和 HDFS 存储系统来存储文档和生成倒排索引。

3. 推荐引擎技术

推荐引擎技术可以帮助用户自动获取海量信息中的个性化服务或内容是从搜索时代向发现时代过渡的关键动因。冷启动、稀疏性和扩展性是推荐系统需要直接面对的永恒话题。推荐的效果不仅取决于模型和算法,还取决于非技术因素,如产品形式、服务模式等。

4. 社会网络分析

本书从对象之间的关系入手,分析了新思想中存在的新问题,为挖掘交互数据提供了方法和工具,是集体智慧和众包思想的集中体现。它也是实现社会过滤、营销、推荐和搜索的关键环节。

五、数据可视化

数据可视化的目的是通过图形来揭示模式与隐藏在数据背后的数据之间的关系。在大数据时代,如何从海量数据中找到有用的信息,并以直观、清晰、有效的形式显示出来,已成为一个重大的挑战,能够提高数据的使用效率。数据可视化技术包括以下几个基本概念。

(1)数据空间:数据空间由"维属性"和 m 个元素组成的多维信息空间。

(2)数据开发:数据开发指使用一定的算法和工具进行定量的数据推导和计算。

(3)数据分析:对多维数据进行切片、块和旋转分析,观察多角度、多侧面观测数据。

(4)数据可视化:以图形和图像的形式在大数据集中显示数据,并利用数据分析和开发工具去查找未知信息的过程。

目前,人们提出了许多数据可视化的方法。根据其不同的可视化原理,这些方法可分为基于几何的技术、面向像素的技术、基于图标的技术、层次技术、基于图像的技术和分布式技术。

六、大数据隐私安全

大数据处理了大量的个人隐私信息。数据隐私的安全性比以往任何时候都更加重要。技术人员需要确保数据的合法合理使用,避免给用户带来麻烦。目前业界云安全联盟已经成立了大数据工作组,并将开展相关工作,寻找解决数据中心安全和隐私问题的方法。该工作小组有四个目标:第一,建立大数据安全和隐私保护的良好做法;第二,帮助业界和政府采用数据安全和隐私保护技术进行实践;第三,与标准组织建立联系,影响和推广大数据安全与隐私标准;第四,促进数据安全和隐私保护的创新技术和方法。工作组计划就六个主题提供研究和指导,包括数据规模加密、云基础设施、安全数据分析、框架和分类、策略和控制及隐私。

在数据量不断增加的今天,大数据量被越来越多的人所提及,成为云计算后提高生产效率的又一个技术前沿。展望未来,大数据在互联网、电信、企业、物联网等行业还有很大的发展空间。大数据问题将对企业的存储体系和数据中心的基础设施等提出挑战。大数据问题还将导致云计算、数据仓库、数据挖掘、商业智能等应用的连锁反应,出现重新定义现有的信息技术模式,带来新一轮的信息技术革命,建设新的商业领域。

第四章 大数据模式和价值

第一节 大数据一般模式

数据处理的流程包括产生数据，收集、存储和管理数据，分析数据，利用数据等阶段。大数据应用的业务流程也是一样的，包括产生数据、聚集数据、分析数据和利用数据四个阶段，只是这一业务流程是在大数据平台和系统上执行的。

一、产生数据

在组织经营、管理和服务的业务流程运行中，企业内部业务和管理信息系统产生了大量存储于数据库中的数据，这些数据库对应着每一个应用系统且相互独立，如 ERP 数据库、财务数据库、CRM 数据库、人力资源数据库等。在企业内部的信息化应用中，也产生了非结构化文档、交易日志、网页日志、视频监控文件、各种传感器数据等非结构化数据，这是在大数据应用中可以被发现潜在价值的企业内部数据。企业建立的外部电子商务交易平台、电子采购平台、客户服务系统等帮助企业产生了大量外部的结构化数据。企业的外部门户、移动 APP、企业博客、企业微博、企业视频分享、外部传感器等系统都帮助企业产生了大量外部非结构化数据。

二、聚集数据

企业架构（EA）的三个核心要素是业务、应用和数据，其中业务架构描述业务流程和功能结构、应用架构描述处理工具的结构、数据架构描述企业核心的数据内容的组织。企业内、外部已经产生了大量的结构化数据、非结构化数据,需要将这些数据组织和聚集起来,建立起企业级的数据架构,有组织地对数据进行采集、存储和管理。首先要实现的是不同应用数据库之间的整合,这需要建立企业级的统一数据模型,实现企业主数据管理。所谓主数据是指企业的产品、客户、人员、组织、资金、资产等关键数据,通过这些主数据的属性及它们之间的相互关系能够建立企业级数据架构和模型。在统一模型的基础上,利用提取、转换和加载(ETL)技术,将不同应用数据库中的数据聚集到企业级的数据仓库(DW),实现企业内部结构化数据的集成,这为企业商业智能分析奠定了一个很好的基础。面对企业内、外部的非结构化数据,借助数据库和数据仓库的聚集,效果并不好。文档管理和知识管理是对非结构化文档进行处理的一个阶段,仅限于对文档层面的保存、归类和基于元数据的管理。更多非结构化文档的集聚,还需要引入新的大数据平台和技术,如分布式文件系统、分布式计算框架、非 SQL 数据、流计算技术等,通过这些技术来加强非结构数据的处理和集聚。内外部结构化、非结构化数据的统一集成则需要实现两种数据(结构化、非结构化)、两种技术平台(关系型数据库、大数据平台)的进一步整合。

三、分析数据

集成起来的企业各种数据是大容量、多种类的大数据,分析数据是提取信息、发现知识、预测未来的关键步骤。分析只是手段,并不是目的。企业内、外部数据分析的目的是发现数据所反映的组织业务运行规律,创造业务价值。对企业来说,可以基于这些数据进行客户行为分析、产品需求分析、市场营销效果分析、品牌满意度分析、工程可靠性分析、企业业务绩效分析、企业全面风险分析、企业文化归属度分析等;对政府和其他事业机构来说,可以进行公众行为模式分析、经济预测分析、公共安全风险分析等。

四、利用数据

数据分析的结果，不是仅仅呈现给专业做数据分析的数据科学家，而是要呈现给更多非专业人员才能够真正发挥它的价值，客户、业务人员、高管、股东、合作伙伴、媒体、政府监管机构等都是大数据分析结果的使用者。因此，大数据分析结果应当以不同专业角色、不同地位人员对数据表现的不同需求提供给他们，它或许是上报的报表、提交的报告、可视化的图表、详细的可视化分析或者简单的微博信息、视频信息。数据被重复利用的次数越多，所能发挥的价值就越大。

第二节　大数据业务价值

维克托·迈尔－舍恩伯格认为大数据的重要价值在于建立数据驱动关于大数据相关关系的分析，而独立于相关关系分析法基础上的预测是大数据的核心。大数据让人们知道"是什么"，也许人们还不明白为什么，但对瞬息万变的商业世界来说，知道是什么比知道为什么更为重要。大数据应用真正要实现的是"用数据说话"，而不是凭直觉或经验。总结起来，大数据应用的业务价值在于三个方面：一是发现过去没有发现的数据潜在价值；二是发现动态行为数据的价值；三是通过不同数据集的整合创造新的数据价值。

一、发现大数据的潜在价值

在大数据应用背景下，企业开始关注过去不重视、丢弃或者无能力处理的大量数据，并从中分析潜在的信息和知识，用于以客户为中心的客户拓展、市场营销等。例如，企业在进行新客户开发、新订单交易和新产品研发的过程中，产生了很多用户浏览的日志、呼叫中心的投诉和反馈，这些数据过去一直被企业所忽视，而如今通过对大数据的分析和利用，能够为企业的客户关怀、产品创新和市场策略提供非常有价值的信息。

二、发现动态行为数据的价值

以往的数据分析通常只是针对流程结果、属性描述等静态数据，在大数据应用背景下，企业有能力对业务流程中的各类行为数据进行采集、获取和分析，包括客户行为、公众行为、企业行为、城市行为、空间行为、社会行为等。这些行为数据的获得，是根据互联网、物联网、移动互联网等信息基础设施建立起来的对客观对象行为的跟踪和记录。这使大数据应用可能具备还原"历史"和预测未来的相关能力。

三、实现大数据整合创新的价值

在互联网和移动互联网时代，企业收集了来自网站、电子商务、移动应用、呼叫中心、企业微博等不同渠道的客户访问、交易和反馈数据，把这些数据整合起来，形成关于客户的全方位信息，将有助于企业给客户提供更有针对性、更贴心的产品和服务。随着技术的发展，更多场景下的数据被连接起来了。连接让数据产生了网络效应；互动使数据的关系被激活，带来了更大的业务价值。无论是互联网和移动互联网数据的连接、内部数据和社交媒体数据的连接、线上服务和线下服务数据的连接，还是网络、社交和空间数据的连接，不同数据源的连接和互动，使得人类有能力更加全方位、深入地还原和洞察真实的曾经复杂的"现实"。

大数据已成为全球商业界一项优先级很高的战略任务，因为它能够对全球新经济时代的商务产生较为深远的影响。大数据在各行各业都有应用，尤其在公共服务领域具有广阔的应用前景，如政府、金融、零售、医疗等行业。

四、互联网与电子商务行业

互联网和电子商务领域是大数据应用的主要领域，主要需求是互联网通过访问用户信息记录、用户行为分析，并基于这些行为分析实现推荐系统、广告追踪等应用。

（一）用户信息记录

在 Web 3.0 和电子商务时代，互联网、移动互联网和电子商务上的用户，大部分是注册用户，通过简单的注册，用户拥有了自己的账户，互联网企业则拥有了用户的基本资料信息，网站有用户名、密码、性别、年龄、移动电话、电子邮件等个人的基本信息，社交媒体的用户信息内容更多，如新浪微博中用户可以填写自己的昵称、头像、真实姓名、所在地、性别、生日、自我介绍、用户标签、教育信息、职业信息等，在微信或者 QQ 客户端可以填写头像、昵称、个性签名、姓名、性别、英文名、生日、血型、生肖、故乡、所在地、邮编、电话、学历、职业、语言、手机等。移动互联网用户的信息与手机绑定，可以获得手机号、手机通信录等用户信息。由于互联网用户在上网期间会留下更多的个人信息，如朋友圈中记录关于家庭、妻子、儿女、个人爱好、同学、同事等的信息，在互联网企业用户数据库中的用户信息也就会越来越完整。

（二）用户行为分析

用户行为分析是互联网和电子商务领域大数据应用的重点。用户行为分析可以从行为载体和行为效果两个维度进行分类。从用户行为的产生方式和载体来分析用户行为主要包括如下几点。

1. 鼠标点击和移动行为分析

在移动互联网出现之前，互联网上最多的用户行为基本都是通过鼠标来完成的，分析鼠标点击和移动轨迹是用户行为分析的重要部分。目前国内外很多大公司都有自己的系统，用于记录和统计用户鼠标行为。据了解，国内很多第三方统计网站也可以为中小网站和企业提供鼠标移动轨迹等记录。

2. 移动终端的触摸和点击行为

随着新兴的多点触控技术在智能手机上的广泛应用，触摸和点击行为能够产生更加复杂的用户行为,对此类行为进行记录和分析就变得尤为重要。

3. 键盘等其他设备的输入行为

此类设备主要是为了满足不能通过简单点击等进行输入的场景,如大量内容输入。键盘的输入行为不是用户行为分析的重点,但键盘输出的内容却是大数据应用中内容所分析的重点。

4. 眼球移动和停留行为

基于此种用户行为的分析在国外比较流行,目前国内很多领域也有类似用户研究的应用,如通过研究用户的眼球移动和停留等,产品设计师可以更容易了解界面上哪些元素更受用户关注、哪些元素设计得合理或不合理等方面。

基于以上这四类媒介,用户在不同的产品上可以产生千奇百怪、形形色色的行为,可以通过对这些行为的数据记录和分析更好地指导产品开发和用户体验。

(三)基于大数据相关性分析的推荐系统

Amazon建立推荐系统是互联网和电子商务企业的重要大数据应用。推荐系统已经在电子商务企业中广泛应用,电子商务企业就是根据大量用户行为数据的相关性分析为读者推荐相关商品的。例如根据同样兴趣爱好者的付费购买行为,为用户推荐商品,以同理心来刺激购物消费。

推荐系统的基础是用户购买行为数据、处理数据的基本算法,在学术领域被称为"客户队列群体的发现",队列群体在逻辑和图形上用链接表示,队列群体的分析很多都涉及特殊的链接分析算法。推荐系统分析的维度是多样的,如可以根据客户的购物喜好为其推荐相关商品,也可以根据社交网络关系进行推荐。如果利用传统的分析方法,需要先选取客户样本,把客户与其他客户进行对比,找到相似性,但是推荐系统的准确率较低。采取大数据分析技术极大地提高了分析的准确率。

（四）网络营销分析

电子商务网站一般都记录了包括每次用户会话中每个页面事件的海量数据。这样就可以在很短的时间内完成一次广告位置、颜色、大小、用词和其他特征的试验。若试验表明广告中的这种特征更改促成了更好的点击行为，这个更改和优化就可以实时实施起来。从用户的行为分析中，可以获得用户偏好，为广告投放选择时机。比如通过微博用户分析，获悉用户在每天的这四个时间点最为活跃：早起去上班的路上、午饭时间、晚饭时间、睡觉前。掌握了这些用户行为，企业就可以在对应的时间段做某些针对性的内容投放和推广等。病毒式营销是互联网用户口碑传播，这种传播通过社交网络像病毒一样迅速蔓延传播，使它成为一种高效的信息传播方式。对于病毒式营销的效果分析是非常重要的，不仅可以及时掌握到营销信息传播所带来的反应（如对于网站访问量的增长），也可以从中发现这项病毒式营销计划可能存在的问题，以及可能的改进思路，积累这些经验为下一次病毒式营销计划提供相应参考。

（五）网络运营分析

电子商务网站，通过对用户的消费行为和共享行为产生的数据进行分析，可以量化很多指标服务于产品各个生产和营销环节，如转化率、客单价、购买频率、平均毛利率、用户满意度等，进而为产品客户群定位或市场细分提供科学依据。

（六）社交网络分析

社交网络系统（SNS）通常有三种社交关系：一是强关系，即关注的人；二是弱关系，即被松散连接的人，类似朋友的朋友；三是临时关系，即不认识但与之临时产生互动的人。临时关系是人们没有承认的关系，但是会临时性联系的，如在SNS中临时评论的回复等。基于大数据分析，能够分析社交网络的复杂行为，帮助互联网企业建立起用户的强关系、弱关系甚至临时关系图谱。

（七）基于位置的数据分析和服务

很多互联网应用加入了精确的全球定位系统（GPS）位置追踪，精确位置追踪为 GPS 测定点附近其他位置海量相关数据的采集、处理和分析提供了手段，进而丰富了基于位置的应用和服务。

五、零售业

零售行业大数据应用需求目前主要集中在客户行为分析上，通过大数据分析来改善和优化货架上的商品摆放、客户营销等。

零售业企业需要根据顾客购买行为的交易数据进行客户群分类，把客户群分为品质性顾客、友善性顾客和理性顾客，并针对不同顾客的诉求进行产品的针对性推荐，帮助公司更加系统地评估和分析客户行为、客户转化率、广告跟踪等，提高市场营销的水平。

六、金融业

金融行业应用系统的实时性要求很高，积累了非常多的客户交易数据，因此金融行业大数据应用的主要需求是客户行为分析、金融风险分析等。

1. 金融风险分析

在评价金融风险时很多数据源可以调用，如来自客户经理、手机银行、电话银行服务、客户日常经营等方面的数据，也包括来自监管和信用评价部门的数据。在一定的风险分析模型下，这些数据源可以帮助银行机构预测金融风险。例如一笔贷款风险的数据分析，其数据源范围包括偿付历史、信用报告、就业数据和财务资产披露等内容。

2. 金融欺诈行为监测和预防

账户欺诈是一种典型的操作风险，会对金融秩序造成重大影响。很多情况下，大数据分析可以发现账户的异常行为模式，进而监测到可能的欺诈。

保险欺诈也是全球各地保险公司面临的一个挑战。无论是大规模欺诈(如纵火),还是涉及较小金额的索赔(如虚报价格的汽车修理账单),欺诈索赔每年可使企业支付数百万美元的费用,而且成本会以更高保费的形式转嫁给客户。

3. 信用风险分析

征信机构益百利根据个人信用卡交易记录数据,预测个人的收入情况和支付能力,防范信用风险。中英人寿保险公司根据个人信用报告和消费行为分析,找到可能患有高血压、糖尿病和抑郁症的人,发现客户存在的健康隐患。

七、医疗业

医疗行业大数据应用的当前需求主要来自新兴基因序列计算和分析、基于社交网络的健康趋势分析、医疗电子健康档案分析、可穿戴设备的健康数据分析等领域。

(一)基因组学测序分析

基因组学是大数据在医疗健康行业最经典的应用。基因测序的成本在不断降低,同时产生着海量数据。DNAnexus、Bina Technology、APPistry 和 NextBio 等公司正通过高级算法和大数据来加快基因序列分析,让发现疾病痊愈的过程变得更快、更容易和更便宜。

(二)健康趋势分析

求医的病人首先需要选择专科,在一家名为 Zocdoc 的网站上,通过对用户选择专科的数据分析,发现了一个阶段不同城市居民对健康领域的关注点,如"皮肤""牙齿"等其他信息,进而预测该阶段和该地区的健康趋势。例如,11 月份是流感医生预约最频繁的时段,3 月份是鼻科医生预约高峰期。事实上,众多预约挂号平台都能够记录和分析这些数据。

（三）医疗电子健康档案分析

一家名为 Apixio 的创业公司正将散布在医院的各个部门、格式各异、标准各异的病历集中到云端，医生可以通过语义搜索查找任何病例中的相关信息，从而为医学诊断提供更加丰富的数据。CAT 扫描是作为人体"切片"拍摄图像的堆叠，一家医学大数据分析公司正在对大型 CAT 扫描库进行分析，帮助对医疗问题及其患病率进行自动诊断。

（四）可穿戴设备健康数据分析

智能戒指、手环等可穿戴设备均可以采集人体的血压、心率等生理健康数据，并把它实时传送到健康云，根据每个人的健康数据提供健康诊疗的建议。越来越多的用户健康数据的汇聚和分析，将形成对一个地区医疗健康水平的分析和判断。

八、能源业

能源行业大数据应用的需求主要有智能电网应用、石油企业大数据分析等。

（一）智能电网应用

在智能电网中，智能电表能做的不只是生成客户电费账单的每月读数。通过将客户读数频率大幅缩短，则可以进行很多有用的大数据分析，包括动态负载平衡、故障响应、分时电价和鼓励客户提高用电效率的长期策略。一家采用智能电表的美国供电公司，每隔几分钟就会将区域内用电用户的大宗数据发送到后端集群当中，集群就会对这数亿条的数据进行分析，分析区域用户用电模式和结构，并根据用电模式来调配区域电力供应。在输电和配电端的传感网络，能够采集输配电中的各种数据，并基于既定模型进行稳态动态暂态分析、仿真分析等，为输配电智能调度提供依据。

（二）石油企业大数据分析

大型跨国石油企业业务范围广，涉及勘探、开发、炼化、销售、金融等业务类型，区域跨度大，油田分布在沙漠、戈壁、高原、海洋，生产和销售网络遍及全球，而其IT基础设施逐步采用了全球统一的架构，因此，它们已经率先成为大数据的应用者。例如，雪佛龙公司建立了一个全球的IT基础设施结构，称为"全球信息交换网络畅通项目"，建立全球统一的计算机、网络、服务器标准、存储标准和IT服务标准，雪佛龙拥有超过1万台服务器，每天大约产生2 TB的数据，每秒产生23 MB数据，每天处理100万封电子邮件消息。面对海量大数据，雪佛龙公司率先采用Hadoop等大数据技术，通过分类和处理海洋地震数据，预测石油储备状况。在油田勘探和开发中，对每个钻井和油田的开发都需要非常复杂的勘测、计算和预测，勘探数据的存储、共享、搜索和分析挖掘也是一个典型的大数据应用案例。

九、制造业

制造业大数据应用的需求主要是产品需求分析、产品故障诊断与预测、供应链分析和优化、工业物联网分析等。

（一）产品需求分析

大数据在客户和制造企业之间流动，挖掘这些数据能够让客户参与到产品的需求分析和产品设计当中，为产品创新做出贡献。例如，电动车在驾驶和停车时会产生大量数据。在行驶中，司机持续地更新车辆的加速度、刹车、电池充电和位置信息。这对司机很有用，然而数据也会传回工程师那里，以了解客户的驾驶习惯，包括如何、何时及何处充电。即使车辆处于静止状态，它也会持续将车辆胎压和电池系统的数据传送给最近的智能电话。这种以客户为中心的场景具有多方面的好处，因为大数据实现了宝贵的新型协作方式。司机获得有用的最新信息，而工程师汇总了关于驾驶行为的信息，以了解客户，制订产品改进计划，并实施新产品创新。而且，电力公司和其他第三方供应商也可以分析数百万英里的驾驶数据，以决定在何处建立起新的充电站，以及如何防止脆弱的电网超负荷运转。

（二）产品故障诊断与预测

无所不在的传感器技术的引入使产品故障实时诊断和预测成为可能。在飞机系统的案例中，发动机、燃油系统、液压和电力系统以数以百计的变量组成了在航状态，不到几微秒就被测量和发送一次。这些数据不仅仅是未来某个时间点能够分析的工程遥测数据，而且还促进了实时自适应控制、燃油使用、零件故障预测和飞行员通报，能有效实现故障诊断和预测。

（三）供应链分析和优化

在供应链上积累了大量合作伙伴的数据。以海尔公司为例，它的供应链体系很完善，以市场链为纽带，以订单信息流为中心，带动物流和资金流的运动，整合全球供应链资源和全球用户资源。

（四）工业物联网分析

现代化工业制造生产线安装有数以千计的小型传感器，来探测温度、压力、热能、振动和噪声。由于每隔几秒就收集一次数据，利用这些数据可以实现很多形式的分析，包括设备诊断、用电量分析、能耗分析、质量事故分析（包括违反生产规定、零部件故障）等。

十、电信运营业

运营商的移动终端、网络管道、业务平台、支撑系统中每天都会产生大量有价值的数据，基于这些数据的大数据分析为运营商带来了巨大的机遇。目前，电信业大数据应用集中在客户行为分析、网络优化、安全智能等各个方面。

（一）客户行为分析

运营商的大数据应用和互联网企业很相似，客户分析是其他分析的基础。基于统一的客户信息模型，运营商收集来自各种产品和服务的客户行为信息，并进行相应服务改进和网络优化。如分析在网客户的业务使用情况和价值贡献,分析、跟踪成熟客户的忠诚度及深度需求(包括对新业务的需求),分析、预测潜在客户,分析新客户的构成及关键购买因素(KBF),分析通话量变化规律及关键驱动因素,分析转换网客户的换网倾向与因素,建立、维护离网客户数据库,开展有针对性的客户保留和赢回。用户行为分析在流量经营中起着重要的作用,用户的行为结合用户视图、产品、服务、计费、财务等信息进行综合分析,得出细粒密度、精确的结果,实现用户个性化的策略控制。

(二)网络分析与优化

网络管理维护优化是指进行网络信令监测,分析网络流量、流向变化、网络运行质量,并根据分析结果调整资源配置;分析网络日志,进行网络优化和故障定义。随着运营商网络数据业务流量的快速增长,数据业务在运营商收入中的占比不断增加,流量与收入之间的不平衡问题也越发突出,智能管道、精细化运营成为运营商突破困境的共识。网络管理维护和优化成为精细化运营中的一个重要基础。传统的信令监测尤其是数据信令监测已经面临瓶颈,以某运营商的省公司为例,原始数据信令达到1 TB/天,以文件的形式保存下来。而处理之后生成的xDR(x Detail Record)数据量达到550 GB/天,以数据库的形式保存。通常这些数据需要保存数天甚至数月,传统文件系统及传统关系数据库处理这么大的数据量显得捉襟见肘。面对信令流量快速增长、扩展困难、成本高的情况量,采用大数据技术数据存储量不受限制,可以按需扩展,同时可以有效处理达PB级的数据,实时流处理及分析平台保证实时处理海量数据。智能分析技术在大数据的支撑下将在网络管理维护优化中发挥积极作用,网络维护的实时性将得到提升,事前预防也将成为可能。比如,通过历史流量数据及专家知识库结合,生成预警模型,可以有效识别出异常流量,防止出现网络拥塞或者病毒传播等异常。

（三）安全智能

运营商服务网络的安全监测和预警也是大数据应用的一个重要领域。基于大数据收集来自互联网和移动互联网的攻击数据，提取特征，并进行监测工作，进而保障网络的安全。

十一、交通业

（一）交通流量分析与预测

大数据技术能促进提高交通运营效率、道路网的通行能力、设施效率和调控交通需求分析。大数据的实时性，使处于静态闲置的数据被处理和需要利用时，即可被智能化利用，使交通运行更加合理。大数据技术具有较高的预测能力，可降低误报和漏报的概率，针对交通的动态性给予实时监控。因此，在驾驶员无法预知交通拥堵的可能性时，大数据也可以帮助用户实现预先了解。

（二）交通安全水平分析与预测

大数据技术的实时性和可预测性则有助于提高交通安全系统的数据处理能力。在驾驶员自动检测方面，驾驶员疲劳视频检测、酒精检测器等车载装置将实时检测驾车员是否处于警觉状态，行为、身体与精神状态是否正常。同时，联合路边探测器检查车辆运行轨迹，大数据技术实现快速整合各个传感器数据，构建安全模型后综合分析车辆行驶安全性，从而有效降低交通事故的可能性。在应急救援方面，大数据以其快速的反应时间和综合的决策模型，为应急决策指挥提供辅助，提高应急救援能力，减少人员伤亡和财产损失。

（三）道路环境监测与分析

大数据技术在减轻道路交通堵塞、降低汽车运输对环境的影响等方面有着重要的作用。通过建立区域交通排放的监测及预测模型，共享交通运行与环境数据，建立交通运行与环境数据共享试验系统，大数据技术可有效分析交通对环境的影响。通过分析历史数据，大数据技术能提供降低交通延误和减少排放的交通信号智能化控制的决策依据，建立低排放交通信号控制原型系统与车辆排放环境影响仿真系统。

第三节　大数据应用的共性需求

随着互联网技术的不断深入，大数据在各个行业领域中的应用都将趋于复杂化，人们亟待从这些大数据中挖掘到有价值的信息，大数据在这些行业中应用的一些共性需求特征，能够帮助人们更清晰、更有效地利用大数据。大数据在企业中应用的共性需求主要有业务分析、客户分析、风险分析等方面。

一、业务分析

企业业务绩效分析是企业大数据应用的重要内容之一。企业从内部 ERP 系统、业务系统、生产系统等中获取企业内部运营数据，从财务系统或者上市公司年报中获取财务等有利用价值的数据，通过这些数据分析企业业务和管理绩效，为企业运营提供全面的洞察力。

企业最重要的业务是产品设计，产品是企业的核心竞争力，而产品设计需求必须要紧跟市场，这也是大数据应用的重要内容。企业利用行业相关分析、市场调查甚至社交网络等信息渠道的相关数据，利用大数据技术分析产品需求趋势，使得产品设计紧跟市场需求。此外，企业大数据应用在产品的营销环节、供应链环节以及售后环节均有涉及，帮助企业产品更加有效地进入市场，为消费者所接受。通过对企业内外部数据的采集和分析，并利用大数据技术进行相关处理，能够较为准确地反映企业业务运营的现状、差距，并对未来企业目标的实现进行预测和分析。

二、客户分析

在各个行业中,大数据应用大部分是用于满足客户需求,企业希望大数据技术能够更好地帮助企业去了解和预测客户行为,并改善客户体验。客户分析的重点是分析客户的偏好以及需求,达到精准营销的目的,并且通过个性化的客户关怀维持客户的忠诚度。赛智时代咨询公司研究显示,企业基于大数据对客户分析主要表现在三个方面:全面的客户数据分析、全生命周期的客户行为数据分析、全面的客户需求数据分析。这些客户大数据分析可以帮助企业更好地了解客户,进而帮助企业进行产品营销、精准推荐等工作。

(一)全面的客户数据分析

全面的客户数据是指建立统一的客户信息号和客户信息模型,通过客户信息号,可以查询客户的各种相关信息,包括相关业务交易数据和服务信息。客户可以分为个人客户和企业客户,客户不同,其基本信息也不同。比如,个人客户登记姓名、年龄、家庭地址等个人信息,企业客户登记公司名称、公司注册地、公司法人等信息。个人和企业客户的共同特点是有客户基本信息和衍生信息,基本信息包括客户号、客户类型、客户信用度等,衍生信息不是直接得到的数据,而是由基本信息衍生分析出来的数据,如客户满意度、贡献度、风险性等。

(二)全生命周期的客户行为数据分析

全生命周期的客户行为数据是指对处于不同生命周期阶段的客户的体验进行统一采集、整理和挖掘,分析客户行为特征,挖掘客户的价值。客户处于不同生命周期阶段对企业的价值需求则有所不同,需要采取不同的管理策略,将客户的价值最大化。客户全生命周期分为客户获取、客户提升、客户成熟、客户衰退和客户流失五个阶段。在每个阶段,客户需求和行为特征都不同,对客户数据的关注度也不相同,对这些数据的掌握,有助于企业在不同阶段选择差异化的客户服务。

在客户获取阶段，客户的需求特征表现得比较模糊，客户的行为模式表现为摸索、了解和尝试。在这个阶段，企业需要发现客户的潜在需求，努力通过有效渠道提供合适的价值定位来获取客户。在客户提升阶段，客户的行为模式表现为比较产品性价比、询问产品安装指南、评论产品使用情况以及寻求产品的增值服务等。这个阶段企业要采取的对策是把客户培养成高质量客户，通过不同的产品组合来刺激客户的消费。在客户成熟阶段，客户的行为模式表现为反复购买、与服务部门信息交流、向朋友推荐自己所使用的产品。这个阶段企业要培养客户忠诚度和新鲜度并进行交叉营销，给客户更加差异化的服务。在客户衰退阶段，客户的行为模式是较长时间的沉默，对客户服务进行抱怨、了解竞争对手的产品信息等。这个阶段企业需要思考如何延长客户生命周期，建立客户流失预警，设法挽留住高质量客户。在客户流失阶段，客户的行为模式是放弃企业产品，开始在社交网络上给予企业产品负面评价。这个阶段企业就需要关注客户情绪数据，思考如何采取客户关怀和让利以挽回客户。

（三）全面的客户需求数据分析

全面的客户需求数据分析是指通过收集客户关于产品和服务的需求数据，让客户可以参与产品和服务的设计，进而促进企业服务的改进和创新。客户对产品的需求是产品设计的开始，也是产品改进和产品创新的原动力。收集和分析客户对产品需求的数据，包括外观需求、功能需求、性能需求、结构需求、价格需求等。这些数据可能是模糊的、非结构化的，然而对产品设计和创新而言却是十分宝贵的信息。

三、风险分析

企业关于风险的大数据应用主要是指对安全隐患的提前发现、市场以及企业内部风险提前预警等。首先，企业要对内部各个部门、各个机构的系统、网络以及移动终端的操作内容进行风险监控和数据采集，针对具有专门互联网和移动互联网业务的部门,也要对其操作内容和行为进行专门的数据采集。数据采集需要解决的问题有企业的经营活动、各经营活动中存在的风险、记录或采集风险数据的方法、风险产生的原因、每种风险的重要性。其次,要实时关注有关市场风险、信用风险和法律风险等外部风险数值,获得这些内外部数据之后,要对风险进行评估和分析,关注风险概率情况等。通过大数据技术对风险进行分析之后,就需要采取对风险进行减小、转移、规避等策略,选择最佳方案,将风险最小化。

第五章　云技术及大数据下的高校智能协作平台

一种新的基于移动互联网的社会化软件——智能协作平台,以"人"为中心,以知识资源为基础,以社交技术为手段,实现知识、技术、人和协同工作的统一,为用户提供一个高校社交服务入口,力图让用户能够在更友好的工作氛围中以最简单的方式创造价值。本章从高校应用智能协作平台的目标、高校智能协作平台的表现形式、高校智能协作平台服务单元描述、高校智能协作平台的特点与进化以及高校智能协作平台的云计算安全五个方面来进行介绍。

第一节　高校应用智能协作平台的目标

对于高校来说,应用智能协作平台主要有以下目标。

一是构建微门户,创建统一访问入口。通过统一的服务入口来访问微门户中整合的应用系统和相关信息资源,实现业务系统的内容聚集。

二是以服务号实现系统间信息交互。信息源除来自用户间的信息分享外,还支持外部应用系统通过注册服务号和开放 API 方式,进行消息分享及数据交互。

三是以用户为中心,促进沟通协作。以用户为中心,搭建一个开放沟通环境,加强内部沟通中的协调性,工作动态随时分享,工作进度及时知会,保持全员的目标向导,打破沟通边界。

四是满足社交需求,提升工作效率。按照马斯洛需求理论,人的社交需求处在第三个层次,每个人都有自己的感知和感受,每个人都有进步的欲望,都希望自己在工作中能够更高效。智能协作平台遵循复杂功能简单化的设计原则,充分体现对用户的尊重,并且提供了让用户更高效、更顺畅的工作方式。

五是注重建立连接,形成信息链。信息链的建立又有三方面的具体目标:第一,建立用户之间的连接,通过关注关心、可能感兴趣的人等方式让用户与用户之间更容易建立起连接,以此来实现扁平化的层级关系;第二,建立用户与内容的连接,通过展示内容的作者、提升社会化的评价与评论机制让用户与内容建立连接;第三,建立内容与内容的连接,通过相关文档、浏览过这篇文档的人也看过之类的模块让内容与内容之间建立连接,以实现形成信息链。

六是鼓励创造内容,激发知识分享潜能。用微信的方式分享知识,汇聚众人思想,让组织内的内容生产更方便,传播更快捷,通过鼓励群体创造和分享,以达到知识为人所用的目的。

七是注重知识沉淀,构建高校知识库。在用户的日常分享中,将有价值的思想、文件、互动问答等,凝聚为知识沉淀下来形成知识树,随着对知识的整理、分类、加工,促进知识树不断成长,逐步构建起知识库。

八是提供关注入口,关注用户多元化、个性化服务。为用户提供一个高校社交服务入口,以"主动推送"模式向用户提供个性化服务,根据用户的需要和服务端的智能判断,由服务端向用户推荐感兴趣的话题和工作群组。

第二节 高校智能协作平台的表现形式

一、智能协作平台主体框架

智能协作平台的主体框架是以云平台为支撑层,共性服务统一建设,数据集中存储。在云平台之上搭建协作平台的功能层以及服务层,对外提供 Rest 方式访问,在客户端以 JS 模板引擎进行渲染。

二、开放集成的服务

智能协作平台提供了一个社会化沟通和协作的基本框架,在此平台上,有无限的应用扩展机会。在平台设计过程中,一开始就植入开放平台理念,引入应用商店模式,为应用开发者和第三方应用提供开发工具和接入规范。

智能协作平台遵循一个清晰的分层模型。

Core Service Layer:协作平台对外提供的最底层的 API,定义好了接口参数和调用流程,第三方可以根据这个层次的 API 在上面封装 SDK。

SDK Layer:针对各种开发语言或开发环境的 SDK。

Agent Layer:代理信息搜索、智能推荐、系统间服务及数据交互等。

三、面向 Agent 设计

Agent 实际上是由 Object "进化"而来的,进化的目的是让软件系统更贴近现实世界。从程序设计的角度理解,可以认为 Agent 就是绑定了 Thread 的 Object。

Agent 应当具有以下特点。

①自治性。Agent 能在未事先规划、动态的环境中就解决实际问题,在没有用户参与的情况下,独立发现和索取符合用户需要的资源、服务等。

②社会性。Agent 可能同用户、资源、其他 Agent 进行交流。

③反应性。Agent 能感知环境,并对环境做出适当的反应。

④主动性。Agent 可以主动地执行某种操作或者任务。举例来说,Web Service 不是一个 Agent,因为它是被动地,而非主动地提供服务。

四、软件移动互联网化

移动互联网应用的特点是快速迭代开发,注重用户体验、运营和数据驱动,更精准地推荐和搜索,架构动态扩展等。传统政务软件则更强调数据的一致性、领域驱动设计、复杂的业务逻辑、流程管理、计算引擎、极端的业务场景等。

从技术角度而言，传统政务软件相对封闭、保守，移动互联网技术相对前沿、开放。由于移动互联网的生态环境庞大，必然在技术的深度和广度上领先一步，而政务软件在保持自身技术特点的基础上及时跟进已是大势所趋。同时，移动互联网技术的成熟也为政务软件提供了更多的机会。软件移动互联网化下，用户在体验上提出了更高的要求，包括而不限于以下方面。

①清晰的分层架构、简约的页面。有足够的信息量，同时要留给用户思考的空间。

②完整、清楚的数据流向。没有用户手册也能完成数据处理。

③高效操作。通过深入的业务抽象实现操作的精练，用最少的动作完成最常用的功能。

④让用户操作变得有趣。

⑤在可用性和可行性之间找到平衡，提供最有价值的用户体验。

五、流行的前端设计

（一）扁平化设计

扁平化设计是一种极简主义的美术设计风格，通过简单的图形、字体和颜色的组合，来达到直观、简洁的设计目的。信息发展到当前这个阶段已经空前爆炸和充实，人们不再满足徜徉于无尽信息中的片刻快感，而是保持冷静、高效地找到自身所需，开始追求和享用信息时代为现实生活带来的真真实实的改变。而扁平化设计体现"简约"二字，恰巧能提前和高效地展示信息，让用户从杂乱的信息中解脱出来。

（二）响应式设计

当前，大部分Web设计采用固定宽度的方式，为所有终端提供一致的用户界面，在计算机屏幕中能友好显示，而在移动终端的小屏幕中，页面布局不能自适应调整，无法按100%比例来显示页面，出现水平滚动条，使用户不便浏览。针对这一问题，我们可以根据用户显示屏设计多个版本的网页，以供使用不同设备的用户浏览，但会导致网站建设及维护的工作量成倍增长，费用也会成倍增加。并且在方便未来的日子里，还会出现很多新的移动设备充斥市场。可见，为每种移动设备创建其独立版本的网页根本就是不切实际的。不过，有另外一种方式，可以让我们避免这种情况的发生。既然不能为每种移动设备创建独立的网页，那么就让我们的网页来适应各种设备。在此思路下，Web设计师顺势而为，针对上网设备的多样性，设计能自适应用户终端设备的网站。让网页根据用户行为以及设备环境（系统平台、屏幕尺寸、屏幕定向等）进行相应的响应和调整，这就是响应式Web设计。说得简单一点，就是为了省时省力省钱，一次性开发出来的网页，用同一个URL，能够根据不同终端设备，响应用户的操作而自动调整网页尺寸。响应式设计是一种较为成熟的多终端解决方案，可以使同一套设计方案适应于各种类型的显示设备。

第三节　高校智能协作平台服务单元描述

一、移动办公服务

（一）移动办公服务的概念

移动办公是通过平板、手机、笔记本电脑等移动设备，实现与本部门所有员工协同办公、实时办公、交互办公、同步办公。移动办公服务平台旨在为企事业单位、政府机关提供简洁实用的移动办公的解决方案，帮助用户可以高效率地把现有的计算机办公系统借助互联网和无线网络扩展到智能手机或PDA上，使处于移动状态的工作人员可以通过手机上网方式随时随地接收公司和处理相关工作，持续保持与办公自动化系统的无缝衔接。

（二）移动办公服务平台的单元描述

目标：为高校的协同办公、审批业务提供以智能手机为终端的移动办公系统。

功能：本服务主要包括无线应用服务器软件、空中下载服务器软件、客户端软件、应用系统集成和移动阅办。提供了身份认证、移动门户、课程管理、权限控制、公文流转、业务管理、资讯管理、移动电邮等功能。该平台可使用各无线网络运营商提供的环境进行业务办理，不受时间、空间限制，办理内容就能直接进入有线办公网。系统具有良好的安全性和可靠性。

配置说明：由统一用户管理系统、统一访问控制系统、移动办公系统、消息服务组件、单点登录服务组件、数据服务组件等配置构建。

外部关联：消息中心、门户系统。

二、微门户服务

（一）微门户服务的概念

门户通常指一个起始点或者一个网站，用户通过它们可以在 Web 上航行，获得各种信息资源和服务，集成了多样化内容服务的 Web 站点。门户是网络世界的"百货商场"，也是网络世界的"大门口"。当前中国网站的发展形式主要是以资讯为支撑的新闻结构型网站，网站依靠大量的信息填充来实现网站的空间，而微门户则是一个新的概念，按照定义，它只是一种门户的类型，但是作为一种新的类型，相比之下，它的形式更加直观，访问模式更加便捷。当前，一些互联网企业给微门户冠以以新闻资讯为主的小型门户网站的定义，其实是不准确的。

对于高校的微门户来说，其具有以下特点。

①安全性。微门户利用云计算处理技术对消息内容进行安全过滤、审计，保证了消息的合法性，同时使用 HTTPS 安全协议，进一步提高了信息安全性。

②扩展性。微门户集成的各应用功能模块相互独立，方便进行模块化管理与扩展。

③即时性。微门户利用云计算的快速处理技术处理消息，提高了消息的推送与获取速度，同时确保了高效、准确的沟通交流。

④黏性。移动互联网方便携带的优点提高了用户使用率，微门户界面简单、容易理解，拉近了与用户之间的距离，提高了用户黏性。

⑤智能性。智能性主要体现在以下三个方面：第一，不同角色匹配不同风格的用户界面；第二，不同角色匹配不同应用功能；第三，不同角色可以进行需求功能的定制开发。

（二）微门户平台的单元描述

目标：注册系统自身的扩展应用；整合已有或者在建的应用系统，在微门户集中展现，为用户提供统一的访问入口和应用导航。实现信息源内容聚集，以线性动态列表展示。

功能：在应用中心注册、查询应用，浏览应用详情，根据自身角色和使用习惯，决定是否将应用添加到应用导航。分配、管理第三方系统服务号，以 API 或者分享组件形式，接收来自外部系统的应用消息和待办数据。

配置说明：单点登录、用户验证。

外部关联：公文流转、电子会务、督查督办、日程安排等接入微门户的系统和服务，全文检索系统，统计分析系统，日志系统。

三、知识库服务

（一）知识库服务的概念

机构知识库（Institutional Repository，简称 IR）又称为机构仓储、机构典藏库等，目前国内外还没有确切的定义。Clifford A.Lynch 从大学的角度做了这样的阐释：机构知识库是大学为其员工提供的一套服务，用于管理和传播大学的各个部门及其成员创作的数字化产品。而 Richard K.Johoson 则认为它是一个数字化资源集合，可以捕获并保存单个或多个团体中的智力产品。它们的共同点：它的建立和运行是以机构为轴心和主线；这个机构可以是实体也可以是虚拟的；其构建和实现的基础平台均是网络；操作和运行的原则是开放性。总之，机构知识库是一个部门或机构建立的，以网络为依托，以收集、整理、保存、检索、提供利用为目的，以本机构成员在工作过程中所创建的各种数字化产品为内容的知识服务中心，实现机构成员的原生信息资源永久管理和保存传播作用。

（二）知识库服务的单元描述

目标：构建高校知识库，对知识归类授权管理。创建一棵层级化的知识树，每个部门均维护本部门的一个分支，各分支由一个树状目录构成，每个目录可以被理解为一个节点或一个主题。知识库内容可以独立管理，也可以通过日常分享时选择性地加入各个目录节点。引入分享和评论等社交化元素，促进知识传播，提升知识价值。

功能：维护知识目录，创建、合并、删除节点，管理节点内容，对目录申请分享权限，管理员审核分享请求、管理已分享用户。允许用户评论、分享、收藏知识信息。

配置说明：资源目录按照全局和部门设定，节点权限具有可见性和可管理性特征，多角色管理权限且权限可继承。

外部关联：全文检索系统、统计分析系统、日志系统。

第四节　高校智能协作平台的特点与进化

智能协作平台强调以人为中心，也就是以用户身份识别为中心，利用移动终端比 PC 端更易实现"永远在线"的特点，建立一个随时互联的环境。其优势还在于终端有语音、定位、通讯录、触控屏等功能可以利用,基于这些特征,能够完成 LBS 签到,会议通信的协同,批阅文档,更好的文件阅览效果和翻页、触控缩放模式等。从便携性来看,用户获取移动互联网应用的时间呈现碎片化特点,即随时随地利用碎片时间获取信息、进行沟通或交互等。另外,终端自身展现能力有限,屏幕容量小、处理速度慢、网络较差等。考虑到上述时间碎片化和终端展现能力因素,智能协作平台在移动终端的使用主要关注客户体验,为用户提供更快、更简洁、更精确的服务,如在界面布局上尝试使用卡片式布局等。

按照共同进化理论,不同物种之间,生物与无机环境之间,在相互影响中不断得到进化和发展。软件的发展历程也是如此,智能协作平台在其生命周期内,为了能更好地生存,需要适应不同硬件、软件和用户环境,进一步地智能和开放,在进化中发展,在发展中进化。智能协作平台立足于打造互动式的沟通、分享与协作,可以预见,软件社交化将是进化后的新形态。

第五节 高校智能协作平台的云计算安全

一、云计算安全概述

(一)云计算安全的定义

目前,任何以互联网为基础的应用都具有一定的潜在的安全性问题,云计算即便在应用方面优势很多,但也依然面临着很严峻的安全问题。随着越来越多的软件包、客户和企业把数据迁移到云计算中,云计算将出现越来越多的网络攻击和诈骗活动。维基百科定义的云计算的安全性(有时也简称为"云安全")是一个演化自计算机安全、网络安全,甚至是更广泛的信息安全的子领域,而且在持续发展中。云安全是指一套广泛的政策、技术与被部署的控制方法,用来保护数据、应用程序以及云计算的基础设施。

现在与云计算安全性问题有关的讨论或疑虑有很多，但总体来说有两大类：云平台（提供软件即服务、平台即服务或基础设施即服务的组织）必须面对的安全问题，以及这些提供商的客户必须面对的安全问题。在大部分情况下，一方面，云平台必须要确认其云基础设施是安全可靠的，客户的数据与应用程序能够被妥善地保存处理和不会丢失；另一方面，客户必须确认云平台已经采取了适当的措施，以保护他们的信息安全，这样才能放心地将他们的数据（包括各种敏感数据）交给云平台保存和处理。

云安全总体应该以下五个方面。

安全的云：用以保护云以及云的用户不会受到外来的攻击和损害，如恶意软件感染数据破坏、中间人攻击、会话劫持和假冒用户等。

可信的云：表示云本身不会对租户构成威胁，即云中用户的数据或者程序不会被云所窃取、篡改或分析；云提供者不会利用特权来危害租户等。

可靠的云：表示云能够提供持续可靠的服务，即不会发生服务中断，能够持续为租户提供服务；不会因故障给租户带来损失，具有灾备能力等。

可控的云：保证云不会被用来作恶，即不会用云发动网络攻击，不会用云散布恶意舆论，以及不会用云进行欺诈等。

服务于安全的云：用强大的云计算能力来进行安全防护，如进行云查杀、云认证、云核查等。

（二）云计算模式面临的安全威胁

云计算的四种模式：设施即服务（IaaS）、数据即服务（DaaS）、平台即服务（PaaS）和软件即服务（SaaS）中各自可能被攻击的位置分别为以下位置。

1. IaaS

用户根据实际需求去申请云上的存储、网络带宽和其他计算设施来运行自己的系统和程序,而不需要购买昂贵的硬件设备,也不需要去找专职人员来管理和维护这些设备,能够极大地降低企业成本。在该模式下,攻击者可以发动的攻击有位于虚拟机管理器 VMM,通过 VMM 中驻留的恶意代码发动攻击;位于虚拟机 VM 发动攻击,主要是通过 VM 发动对 VMM 及其他 VM 的攻击;通过 VM 之间的共享资源与隐藏通道发动攻击来窃取机密数据;通过 VM 的镜像备份来发动攻击,分析 VM 镜像窃取数据;通过 VM 迁移,把 VM 迁移到自己掌控的服务器,再对 VM 发动攻击。

2. PaaS

用户根据自己的需求申请相应的计算平台来开发和部署自己的应用程序,他们只需要管理好自己的应用程序开发过程,而不需要了解和管理硬件设施和操作、开发平台的信息,这样就降低了对硬件和操作平台的成本,对于复杂软件的开发尤其有效。在该模式下,攻击者可以通过共享资源、隐匿的数据通道,盗取同一个 PaaS 服务器中其他 PaaS 服务进程中的数据,或针对这些进程发动攻击;进程在 PaaS 服务器之间迁移时,也会被攻击者攻击;此外,由于 PaaS 模式部分建立在 IaaS、DaaS 上,所以 IaaS、DaaS 中存在的可能攻击位置,PaaS 模式也相应存在。

3. DaaS

在该模式下,攻击者可以通过其掌握的服务器,直接窃取用户机密数据,也可以通过索引服务,把用户的数据定位到自己掌握的服务器上再进行窃取;同样,DaaS 模式也可能有依赖于 IaaS、PaaS 创建的虚拟化数据服务器,这部分可能受到攻击的位置如上所述。

4. SaaS

云计算用户根据自身需求来申请和部署应用程序,用户只需要对应用程序进行简单的配置而不需要了解和管理程序所使用的软件来自哪里、下层硬件设施在哪里等问题,这样就降低了用户在硬件购置和维护、软件开发等方面的成本。SaaS 模式的创建是基于 SOA 架构,或者 DaaS、LaaS、PaaS 这三种模式为基础创建。因此,除了上述这三种模式中可能存在的攻击位置,SaaS 模式中还可能存在于 Web 服务器的攻击位置,攻击者可能针对 SaaS 的 Web 服务器发动攻击。

除了上述四种模式中存在的攻击位置外,网络也是重要的攻击位置,通过网络,攻击者可以窃取网络中传递的数据,实施中间人攻击、SQL 注入等攻击方式。

由此可见,云计算各模式中几乎都存在有可能被利用的攻击位置。究其原因是云计算的本质所引发的。云计算模式相对于传统的并行计算、分布式计算、SOA 架构等计算技术与计算模式而言,其结构与技术层次更具复杂性,主要体现在以下几个方面。

①虚拟化资源的迁移特性。虚拟化技术是云计算中最为重要的技术。通过虚拟化技术云计算可以实现 SaaS、IaaS、DaaS 等多种云计算模式的新概念。虚拟化技术的应用带来了云计算与传统计算技术的一个本质性区别就是:资源的迁移特性,即云计算模式通过虚拟化技术实现计算资源、数据资源的动态迁移,特别是数据资源的动态迁移,是传统安全研究很少涉及的。

②虚拟化资源带来的意外耦合。由于虚拟化资源的迁移特性,引发了虚拟化资源的意外耦合,即本来不可能位于同一计算环境中的资源,由于迁移而位于同一环境中,这也可能会带来新的安全问题。

③资源属主所有权与管理权的分离。在云计算中,虚拟化资源动态迁移而发生所有权与管理权的分离,即资源的所有者无法直接控制资源的使用情况,这也是云计算安全研究最为重要的组成部分之一。

④资源与应用的分离。在云计算模式下,PaaS 也是重要的一个组成部分,其通过云计算服务商提供的应用接口,来实现相应的功能,而调用应用接口来处理虚拟化的数据资源,引发了应用与资源的分离,应用来自一个服务器,资源来自于另一个服务器,位于不同的计算环境,给云计算的安全添加了更多的复杂性。

因此,通过对云计算中可能受到攻击的位置与方式,结合上述云计算本质而引发的安全问题,可以把云计算安全研究分为以下三类。

①云计算的数据安全。由于云计算的 DaaS 模式,使得云计算中数据成为独立的服务,提供各类远程的数据存储、备份、查询分析等数据服务,用户的数据开始脱离用户的掌控,由云计算服务提供商来实现管理。上述的资源属主所有权与管理权、DaaS 平台的安全问题都归属于这类问题的研究范围之内。

②云计算的虚拟化安全。显然虚拟化的应用必然会带来各类安全问题。此外虚拟化也是云计算的底层技术架构之一,PaaS、SaaS、DaaS 都有可能基于虚拟化的设备来提供相应服务,因此虚拟化技术的安全直接影响到云计算系统的整体安全。

③云计算的服务传递安全。由于云计算的所有服务都是基于网络远程传递给用户云计算服务,能否实现在可靠的服务质量保证下,将服务完整、保密地传递给用户显然是云计算安全所必须要解决的问题。

二、云计算的数据安全

(一)数据完整性

数据的完整性,在通俗意义上,除了表示用户数据不能在未经授权的情况下被修改或者丢弃外,还包括数据的取值范围的合理性、逻辑关联等意义上的一致性等。数据完整性是数据安全秘密性、完整性和可用性(Confidentiality、Integrity 和 Availability)三大特性之一。数据完整性保障是保证数据准确有效,防止错误,实现其信息价值的重要机制。事实上,任何信息系统都必须要考虑数据的完整性。

由于云存储的特点,想要保证云上数据的完整性和解决责任归属的问题,就需要提供新的数据完整性解决方案。新方案的核心在于以下几点。

一是半可信问题。半可信问题是指云存储用户对于云存储服务商并不完全信任。半可信意味着用户数据的完整性除了要面临传统威胁,如非授权的修改、硬件故障、自然灾害，还不能回避一种来自服务提供商的"拜占庭错误"，即服务提供商可能从自身利益出发，有意地丢弃或修改数据而试图避免被发现和追责问题。这意味着仅仅依靠传统的纠错编码、访问控制等技术已经不足以保证云存储中数据的完整性。

二是可信的问责追踪与判断问题。DaaS服务双方都需要遵守双方达成的合约，但是服务提供商和用户都有可能因为各种动机违背合约，必须有可信的机制来保障合约得到了忠实履行。这种机制要能在数据完整性受到破坏时，有效地保存可用于追究责任的证据，清晰地厘清楚事故责任所在。

三是远程服务传递的模式对数据完整性保障手段的制约。相对于云存储中的海量数据，面对有限的带宽资源和计算资源，用户难以实现对海量数据的完整性校验计算，如校验、加密、HASH等，必须采用技术措施在有限的计算资源约束下，完成对海量数据完整性、可靠性的验证。

由上述分析可知，云计算环境下数据完整性问题可以从三个方面来解决，即数据完整性保障技术、在有限计算资源约束下的数据完整性的校验技术及数据完整性事故追踪与问责技术。

1. 数据完整性的保障技术

数据完整性的保障技术的目标是尽可能地保障数据不会因为软件或硬件故障而遭遇非法破坏，或者说即使部分被破坏也能做数据恢复。这里有必要提一下，在云存储环境中，为了合理利用存储空间，都是将大数据文件拆分成多个块，以块的方式分别存储到多个存储节点上。与数据完整性保障相关的技术主要分两种类型，一种是纠删码技术，另一种是秘密共享技术。

纠删码技术的总体思路：首先将存储系统中的文件分为 k 块，然后利用纠删码技术进行编码，可得到 n 块的数据块，将 n 块数据块分布到各个存储节点上，实现冗余容错。一旦文件部分数据块被破坏，则只需要从数据节点中得到 m（$m \geq k$）块数据块，就能够恢复出原始文件。其中 RS 码是纠删码的典型代表，被广泛应用在分布式存储系统中，它在分布式存储系统中的应用研究可以追溯到 1989 年。云存储本质上也是分布式存储系统，因此 RS 类纠删码在云存储中得到应用是顺理成章的。RS 编码起源于 1960 年，经过长期的发展目前已经具有较为完善的理论基础。它是在伽罗华（Galois）上所对应的域元素进行多项式运算（包括加法运算和乘法运算）的编码，通常可分为范德蒙 RS 编码和柯西 RS 编码两类。

在秘密共享（Secret Sharing）方案中，一段秘密消息被以某种数学方法分割为 n 份，这种分割使得任何 k（$k<m<n$）份都不能揭示完整秘密消息的内容，同时任何 m 份一起都能揭示该秘密消息。这种方案通常称为 (t,n) 阈值秘密共享方案。通过秘密共享方案，只要数据损坏后，保留正常数据块不小于 m 份，即可实现对最初文件数据的恢复。在多类阈值秘密共享方案中以沙米尔（Shamir）的方案最为简单与常用。1979 年，Shamir 和 Blakley 分别提出了第一个 (t,n) 阈值秘密共享方案，其阈值方案的原理是基于拉格朗日（Lagrange）插值法来实现的，首先将需要共享的秘密作为某个多项式的常数项，通过常数项构造一个 $t-1$ 次多项式，然后将每个份额（子秘密）设定为满足该多项式的一个坐标点，由于拉格朗日插值定理，任意 2 个份额（子秘密）可以重构该多项式从而恢复秘密。相反，$t-1$ 个或更少的份额（子秘密）则无法重构该多项式，因而得不到关于秘密的任何信息。

2. 在有限计算资源约束下的数据完整性的校验技术

目前，校验数据完整性的方法按安全模型的差异可以划分为两类，即 POR（Proof of Retrievability，可取回性证明）和 PDP（Proof of data possession，数据持有性证明）。其中，POR 是将伪随机抽样和冗余编码（如纠错码）结合，通过挑战应答协议向用户证明其文件是完好无损的，意味着用户能够以足够大的概率从服务器取回文件。而 PDP 和 POR 方案的主要区别在于：PDP 方案可检测到存储数据是否完整，但却无法确保数据的可恢复性；POR 方案则使用了纠错码，能保障存储数据一定情况下的可恢复性。事实上，大部分的 PDP 方案只要加入纠删/错编码就可以成为一个 POR 方案。

POR 方案将伪随机抽样和冗余编码（如纠错码）结合来向用户证明其文件是完好无损的，其结果意味着用户能够以足够大的概率从服务器取回原文件。不同的 POR 方案中挑战—应答协议的设计有所不同。每次需要校验时，由验证者要求证明者返回一定数目的岗哨。由于文件是加密的，云存储服务商不可能掌握文件中哪些数据是岗哨，哪些是文件数据，因此若云存储服务提供商能够返回要求的特定位置的岗哨，则可以保证相当大的概率下该文件是完整的。即使用户文件如果有少量的数据损坏，但依然没有影响到文件中的岗哨数据，使得云存储服务商返回了正确的结果，从而造成校验结果有误。但是因为文件预先使用类似于上文所说的纠删码进行过编码，因此少量的数据损坏会使得校验结果存在误判，用户可以通过纠错码对原文件进行恢复。该方案的优点是用于存放岗哨的额外存储开销较小，挑战和应答的计算开销较小，但由于插入的岗哨数目有限且只能被挑战一次，方案只能支持有限次数的挑战，待所有岗哨都"用尽"就需要对其进行更新。同时，方案为了保证岗哨的隐秘性，需先对文件进行加密，导致文件的读取开销较大。

PDP 方案主要分为两个部分：首先是用户对要存储的文件生成用于产生校验标签的加解密公私密钥对，然后使用这对密钥对文件各分块进行处理，生成校验标签，称为 HVT（Homomorphic Verifiable Tags，同态校验标签），然后将 HVT 集合、文件、加密的公钥一并发送给云存储服务商，由服务商存储，用户删除本地文件、HVT 集合，只保留公私密钥对；需要校验的时候，由用户向云存储服务商发送校验数据请求，云服务商接收到后，根据校验请求的参数来计算用户指定校验的文件块的 HVT 标签及相关参数，发送给用户。接收到服务商的校验回复后，用户就可以使用自己保存的公私密钥对服务商返回数据，根据验证结果判断其存储的数据是否完整。

上述的 PDP、POR 方案以及改进方案还有多种,这些方案中由于需要用户完成生成校验数据,保留密钥等步骤,一方面对于非专业的用户比较复杂,另一方面密钥的保存也存在着一定问题。所以针对这些问题,又采取可信第三方(Third Party Auditor,TPA)代替用户审计云存储中用户数据的完整性。

采用 TPA 参与替代用户来审计用户存储的数据完整性,这个方案的架构中一共有三个角色,即用户、云服务商(Cloud Server)和 TPA。其中,TPA 的作用是代表数据所有者完成数据的完整性认证和审计任务等,这样用户就不需要亲自去做这些事。用户可以使用云存储服务器来存储自己大量数据的个人或企业。云服务商提供云存储服务的云服务运营商。基于 TPA 实现数据完整性校验主要是基于挑战应答协议来完成的,其步骤如下。

①用户使自己的数据文件进入预处理,生成一些用于校验的数据,并上传到云计算服务商。

②将用于校验的数据上传给 TPA。

③TPA 根据用户校验的要求,定期向云存储服务商发送数据校验请求,也就是挑战。

④云存储服务商针对发送的数据完整性校验请求,按协议计算结果并予以回复,也即应答。

⑤TPA 根据服务商返回的回复计算校验结果,并将结果返回给用户。

引入 TPA 之后,用户数据完整性的校验工作由 TPA 代替完成,但是作为可信的第三方 TPA 执行校验,有两个基本需求必须满足:第一,TPA 必须能在本地不需复制数据的前提下做出有效审计,并不给用户带来任何在线的开销;第二,第三方审计过程不能对用户的私密带来新的薄弱环节。因此,对于校验数据完整性的挑战—应答协议的实现方法提出了更多的要求。

数据完整性校验是用户确保自己的数据完整、安全地存储在云服务器上，然而与之对应的还有另一个有趣的安全问题，即数据删除问题。当用户不再使用云存储服务，取回或删除自己存储在云中的数据后，云存储服务需要向用户证明其数据在云存储中所有的副本都被删除，以便用户能够放心。目前，数据删除证明方面的研究主要有 DRM（Data Right Management）模型及 Vanish 模型，这两种模型实现的都是基于时间的文件确保删除技术，主要思路是将文件使用数据密钥加密，再对数据密钥使用控制密钥进行加密，控制密钥由独立的密钥管理服务（名为 Ephemerizer）来维护。当文件删除时，会声明一个有效期，有效期一过，控制密钥就被密钥管理服务删除，由此加密的文件副本将无法被解密，从而实现可靠的数据删除。

3. 数据完整性事故追踪与问责技术

云存储在内的各类云服务均是采用基于合约的服务模式，也即用户和云服务提供商间签订某种形式的契约，用户为使用服务商所提供的存储服务而付出费用，并就服务的相关质量（如数据的访问性能、可靠性、安全性）作某种程度上的保证。但是云服务也可能会面临各类安全风险，这些风险包括滥用或恶意使用云计算资源不安全的应用程序接口，恶意的内部人员作案，共享技术漏洞，数据损坏或泄露，审计、服务或传输过程中的劫持以及在应用过程中形成的其他不明风险等，这些风险既可能是来自云服务的供应商，也可能是来自用户；由于服务契约是具有法律意义的文书，因此契约双方都有义务承担各自对于违反契约规则的行为所造成的后果。一旦发现有不当（违约）行为，还应提供某种机制将来判决不当行为的责任方，使其按照违反契约行为所造成的损失（如重要数据损坏或丢失）承担相应责任。

可问责性（Accountability）将实体和它的行为以不可抵赖的方式绑定，使互不信任的实体间能够发现并查明对方的不当行为。因此,可问责性是云存储安全的一个核心目标,对于用户与服务商双方来说都具有重要的意义。

目前，这方面的研究工作还是比较少的，大部分研究都处于提出概念、需求和架构的层面。这其中，问责审计为云的溯源（Provenance for the Cloud）的解决方案较有代表性，其溯源的定义为有向无环图（Directed Acyclic Graph，DAG）来表示，DAG的节点代表各种目标，如文件、进程元组、数据集等，节点具有各种属性，两个节点之间的边表示节点之间的依赖关系。云溯源的技术方案是基于PASS（Provenance Aware Storage System，溯源感知存储系统）系统的，PASS是一种透明且自动化收集存储系统中各类目标溯源的系列，其早期是用于本地存储或网络存储系统，它通过对应用的系统操作调用来构建DAG图。

该解决方案实质上是基于云服务与本地客户端相互配合而实现的，由客户端来收集用户操作数据的行为，并通过云服务来记录用户行为以及存储用户的数据目标。值得注意的是，其中使用的云服务：亚马逊的SQS（Amazon Simple Queue Service，亚马逊简单消息服务）服务，SQS是实现分布式计算的消息传递的云服务，可以在其执行不同任务的应用程序的分散组件之间移动数据在本方案中用于更新溯源记录的操作命令消息存储与发送。此外，其中还使用了数据库的事件概念，事务处理可以确保除非事务性单元内的所有操作都成功完成，否则不会永久更新面向数据的资源。方案使用SQS和事务概念主要是确保数据溯源记录能精确地描述数据目标的操作过程，保证逻辑上的一致性与完整性。

（二）数据访问控制

随着云计算技术的发展，云平台中数据的访问控制也成为越来越关键的问题。由于云计算环境的开放性和弹性，数据在云存储中面临以下问题：一方面，一旦将数据置于云端，数据提供者将完全失去对数据的控制，数据的安全性和隐私将面临来自云平台内外多方面的威胁；另一方面，由于云平台会根据实时需求进行动态资源供给，网络范围一直处于被动变化之中，导致访问控制的策略动态变化，不易管理。云计算环境下的数据访问控制问题变得更为复杂，传统的访问控制架构通常假定用户与数据存储服务处于同一安全域,且数据存储服务被视为完全可信,忠实执行用户定制的访问控制策略,但这样的假设在云环境下一般不成立。原因很简单,在云计算环境下,数据的控制权与数据的管理权是分离的,因此实现数据的访问控制只有两条途径:一条是依托云存储服务商来提供数据访问的控制功能,即由云存储服务商来完成对不同用户的身份认证、访问控制策略的执行等功能,由云服务商来实现具体的访问控制。另一条则是采用加密的手段通过对存储数据进行加密,针对具有访问某范围数据权限的用户分发相应的密钥来实现访问控制操作。这两种方法显然第二种种方法更具有实际意义,因为用户对于云存储服务商的信任度也是有限的;一方面,难以保证云服务商能百分之百地遵守其服务条约,按用户制定的访问策略来执行访问控制;另一方面,用户的敏感数据对于云存储服务商而言也是希望是保密的。也因此目前对于云存储中的数据访问控制的研究主要集中在通过加密的手段来实现,研究的内容是制定相应的加密算法及相关的访问控制机制。通过加密算法与相关协议的设计来实现数据访问控制解决方案其主要的缺点在于密钥的分发与管理,特别是在访问权限控制的策略比较复杂的情况下。除了这个缺点外,类似方法还存在一个问题就是授权变更可能会造成整个访问控制结构重建,进一步带来密钥管理方面的困难。Shu cheng 等则针对这个问题提出了基于 KP-ABE 及 PRE(Proxy Re-Encryption)的细粒度访问控制技术。采用 KP-ABE 技术,只要用户获取的密钥满足目标文件访问权限树的叶子节点权限要求,就可以计算出加密的文件密文。

三、云计算的虚拟化安全

(一)云计算虚拟化安全威胁分析

1. 虚拟机之间流量不可视

在虚拟化环境中,每台物理机上具有多台虚拟机,借助虚拟化平台,可以为虚拟机之间提供虚拟交换机通信。对于来自同一个虚拟交换机上的虚拟机,可以实现相互通信功能。在虚拟机出自不同用户时,极容易引发数据泄露现象。而且以往传统的防护手段处于物理主机的边界,如果一台物理机中的多台虚拟机发生通信,一些流量则严重超出了外部安全设备的监控和保护范围。

2. 虚拟机之间存在着资源共享冲突

在虚拟化环境的影响下,因为多台虚拟机共同享用同一种物理机资源,资源竞争现象屡禁不止。如果很难通过正确配置限制单一虚拟机的可用资源,一些个别虚拟机的资源占用现象经常发生,也造成了其他虚拟机拒绝服务。同时,如果利用同一物理机上的虚拟机进行病毒扫描,在物理机资源消耗殆尽时,便会出现宕机现象,进而出现虚拟机业务中断的情况。

3. 云数据安全风险的出现

其一,海量用户数据集中进行存储,为黑客的入侵和攻击提供了"机会"。其二,大多数租户共享存储资源,用户数据和系统数据均共同保存起来,数据混淆在一起,不利于对重要数据进行可针对性的处理,一旦在对不同用户的存储数据隔离出现问题,将会造成数据泄露风险。其三,虚拟机数据往往以明文方式存储起来,如果遭受到了突如其来的入侵,由于虚拟机之间一些流量很难被直接看出来,再加上流量行为审计的严重缺失,黑客会将数据转移到其他虚拟机或外部服务器,用户在短时间内很难察觉到数据已经被盗用。

(二)虚拟化技术存在的安全风险

1. 虚拟环境的新挑战

首先,传统的安全风险依旧存在,病毒传播、数据泄露、恶意代码、DDoS、后门、Rootkit等,无时无刻不在威胁着虚拟环境。而在虚拟环境中,新技术产生了新的问题,随着虚拟终端的不断增加,带来的其中一个问题就是资源争夺,运行在同一台主机当中的所有虚拟机会相互争夺有限的物理资源,资源争夺最有可能出现在存储I/O或者网络带宽方面。同时,虚拟机之间会产生攻击和防护盲点,一个可能的攻击场景是一个可疑的虚拟机迁移进信任区域,在传统以网络为基础的安全控制措施下,将无法检测到它的不当行为。

2. 虚拟化系统自身的安全问题

Hypervisor是运行在物理宿主机和虚拟机之间的中间软件层,必定会有一些安全漏洞,包括系统自身的完整性,不断更新功能所产生的新的漏洞,来自外部的攻击等。例如,Linux平台上的"VMRUN"本地权限提升漏洞,攻击者可以利用此漏洞提升在服务端的权限;Hyper jacking rootkit攻击,在操作系统启动之前先启动VMM,让原来的操作系统执行在此VMM之上,而恶意程序执行在和VMM平行的一个操作系统上,原来的操作系统就无法发现这个恶意程序。

3. 虚拟机对等关系中的安全问题

(1) 虚拟机逃逸

在虚拟机安全中,有个特殊的漏洞叫作虚拟机逃逸,指的是一个精明的攻击者能够突破虚拟机,获得管理程序并控制在主机上运行的其他虚拟机。AstroArch咨询公司总裁和首席顾问Haletky认为:目前所有公开的逃逸对用于服务器虚拟化的主要管理程序都是无效的,如vSphere、XenServer和Hyper-V。其实,虚拟机本质上是运行在操作系统上的应用软件,只不过这个应用软件会独立地运行另外一个操作系统。一旦攻击者获得Hypervisor权限,便能够利用Hypervisor执行恶意代码,从而控制宿主机下面的所有虚拟机,甚至可以侵入网络内部,而影响整个云安全。

(2) 虚拟机跳跃

在同一个系统中的虚拟机是通过网络连接共享宿主服务器资源,包括CPU、内存等的,这样便给虚拟机跳跃攻击提供途径,恶意程序通过这种共享方式去尝试控制其他虚拟机,虚拟机系统的通信遭到相应破坏。

4.虚拟机管理过程中所带来的安全问题

①管理员由于业务不熟悉或者失误造成的虚拟机系统的配置错误，这种情况就像服务器密码设置太简单一样，在虚拟机环境中的配置漏洞更容易被攻击。

②管理网络与应用网络没有进行有效的隔离。通常虚拟机管理网络是有严格限制的，仅有固定的白名单用户才能进行访问，有的应用单位没有配置专门的管理网络，和应用网络共用一网，将应用网络面向大众，这样变相把管理网络暴露在公共场合。

③普通的软件包括操作系统存在大量的安全漏洞。操作系统无论是Windows还是Linux，都存在着各种各样的安全漏洞。同样，多年以来，在计算机软件（包括来自第三方的软件，商业的和免费的软件）中已经发现了不计其数能够削弱安全性的缺陷（Bug）。这些漏洞是虚拟机系统中的单元应用单位，影响着虚拟化技术的安全。

（三）虚拟化安全对策

云计算应用是IT产业的高速发展所带来的新型运维概念和服务概念，同样也面临着各种各样的安全问题，一方面是IT的传统安全问题，另一方面是虚拟化技术自身所带来的安全问题。以下提出对应的虚拟化安全对策。

1.传统的安全防护手段

传统的安全防护手段在虚拟化技术里可以继续发挥作用。每个虚拟化服务器从传统角度看都是一个脱离硬件资源约束的独立服务应用系统，同样受到传统服务器的安全威胁，所以做好服务器日常安全防护必不可少。

（1）日志审计

在一个完整的信息系统里面，日志系统是一个非常重要的功能组成部分。在安全领域，日志可以反映出很多的安全攻击行为，如登录错误、异常访问等。日志还能提供很多关于网络中所发生事件的信息,其中包括性能信息、故障检测和入侵检测。有条件的情况下可以设置 HIPs 监控。HIPs 监控是基于主机的入侵防御系统,它能监控计算机中文件的运行和对文件的调用,以及对注册表的修改。

(2)认证和鉴别机制

当用户需要访问服务器时,用户名和密码在大多数情况下是唯一需要的识别数据。而在服务器安全控制体系里,用户需要通过一个加密的安全性令牌来进行特殊的访问服务,如认证证书的下载和鉴别。

(3)管理流程

服务器管理工作必须要有一套规范严谨的管理流程。常见的管理工作包括服务器定期的安全性能检查、服务器的日常监控、定期数据备份、相关日志操作、密码定期更改、系统补丁修补工作等。

2. 虚拟化系统自身安全防护对策

虚拟化是一门新兴的技术,其所衍生的自身安全问题尤为重要,Hypervisor 和虚拟机的安全防护的研究成为专业技术人员研究的重点项目。

(1)Hypervisor 自身系统漏洞的及时修补

虚拟化系统中每一次技术更新都会在软件层中产生新的安全漏洞,几个主机虚拟机管理系统 VMware、Hyper-V、Xen 等更新产生的漏洞都会对整个云系统产生安全威胁,除了及时打上系统安全漏洞的补丁,也可以在网卡层上设置好虚拟防火墙来监控虚拟机之间的流量交换,以起到过滤和保护作用;在 Hypervisor 中引入资源管理控制,保证高优先级虚拟机能够优先使用;将主机资源进行资源池划分,使不同资源池的虚拟机只能访问所在资源池的资源,防止拒绝服务的危险。

(2)锁定管理层网络访问

管理网络和应用网络应该相互隔离开来,限制对管理功能未经授权访问的风险,以应对虚拟机逃逸和虚拟机跳跃所带来的安全隐患。在不同虚拟机之间,用防火墙进行隔离和防护，确保只能处理许可的协议；在主机和虚拟机之间使用 IPSec 或强化加密，防止虚拟机和主机之间通信被嗅探和破坏；要进行虚拟机之间的通信，可以使用一个在不同网络地址上的独立网络接口卡，这比将虚拟机之间的通信直接推向暴露的网络要安全。下面提出具体可实施的安全隔离方法：首先把整个虚拟化平台划分成一个或多个集群，每个集群分配一个大的子网；接着在所有宿主机上建立一组默认的防火墙规则，默认隔离与其他子网之间的通信；当用户向云平台提交创建虚拟机请求时，云平台就自动给用户分配到某个大集群，并在此大集群所属的大子网下给该用户建立一个子网；同时，把虚拟机的虚拟网络接口加入默认的防火墙规则下实现隔离的约束；当该用户再次创建虚拟机时，虚拟机的 IP 地址设置成同一个集群内的同一个子网，同时也把虚拟机的虚拟网络接口加入默认的防火墙规则下；再将 MAC 地址与 IP 地址绑定。这样便避免了虚拟机之间相互攻击，可以用于虚拟机的安全隔离。

四、云计算的服务传递安全

（一）云计算服务传递安全概述

云计算的四种模式，即 IaaS、PaaS、DaaS、SaaS，都是通过网络向远方的用户传递各类云服务的。云计算这种服务模式显然会受到来自网络的攻击，特别是公有云，在开放的网络环境中传递各类服务更会面临各类安全威胁。从总体上分析云计算服务传递所面临的安全威胁，可以将这些安全威胁分为两类：一类是传统的网络安全威胁，另一类是云计算模式建立后，由于云计算模式的特点使得一些已有比较好的安全解决方案的问题变得复杂化，这方面最为突出的问题就是访问控制，云计算的服务使用与所有者分离、云计算的组合及云计算联盟都使得云计算中访问控制面临着新的挑战。

在分析云计算服务传递安全问题时，区分公有云和私有云是很必要的，因为在公有云中会有新的攻占、漏洞，用户对云计算系统的掌握能力也大幅降低，用户数据所处理的信息安全环境将发生剧烈的变化。当选择使用私有云时，虽然 IT 构架可能会有变化，但常用的网络拓扑变化并不大。但是当选择使用公有云服务时，必须要考虑到公共网络，尤其是公共云平台创建的随时可能变化的虚拟网络环境下，服务传递可能面临的重大安全风险。采用一定安全保障措施，至少能确保实现以下三个方面的安全目标。

①可信性与完整性保障目标。确保公共云中发送和接收到的中转数据的可信性和完整性。保障用户敏感的数据与资源，不允许这些信息资源出现在一个属于第三方云服务商的可分享的公共网上。

②可靠访问控制保障目标。确保在公有云中使用的任何资源访问控制（认证、授权、审计）的合理性。只能允许拥有合法权限的用户访问其权限允许范围内的数据，这是信息安全保障的基本目标，访问控制在云计算环境下变得更为复杂。

③可用性保障目标。该目标确保公有云中使用或已经分配的面向互联网的资源可用性。可用性是云计算向其用户提供服务的承诺，云计算可能面临的可用性攻击有前缀挟持、DNS 层病毒攻击、拒绝服务（DoS）和分布式拒绝服务攻击（DDoS）。

针对上述三个方面的安全目标，其中可信性与完整性保障目标，在云计算的技术前源中 Web 服务，SOA 架构技术中针对远程的服务数据传递已有一段时间的研究并取得了一定的研究成果，第二个云计算环境下的访问控制则是云计算安全研究的热点，目前有相当多研究工作和研究成果；第三个目标接近于传统的网络安全问题，其研究的重心侧重于在利用云计算环境实现对服务传递的可用性解决。

（二）云服务传递的可信性与完整性保障

云计算上层的应用服务传递核心的技术仍然采用的是 Web 服务架构，但是云计算中突出了多租户的概念。租户与用户的概念不同，"租户"强调的是面向企业的应用，一般应用是部署在企业内部的，但只要这个应用具备相对独立的安全保证及专用的虚拟计算环境，都可以称其为租户，即使其部署在企业外部。"用户"是指这个应用的使用者可以有多个用户。在云计算环境下的服务传递可信性与完整性保障，也可以看成多租户环境下的 Web 服务的可信性与完整性保障。

对应于与 OSI 模型的 Web 服务传递的安全分析，可将 Web 服务的传递安全分为四个层次。

①网络层安全。这部分安全威胁主要是防御来自网络传输层次的攻击。使用的防御手段即是传统的防火墙、入侵检测等网络安全设备与工具。

②传输层安全。这部分安全威胁主要是开放性网络下数据窃听、数据重放等攻击。使用的防御手段主要是 SSL/TLS 机制，通过网络数据加密算法以及加密算法来保障服务传输两个端点之间数据的保密性与完整性。

③消息层安全。虽然 SSL/TLS 机制可以保障两个传输端点之间的安全，但由于 Web 服务消息经常会经过多个服务端点的中转，也就是多跳实现服务消息传递，每一跳都需要对消息包进行解析与重新封装，这是 Web 服务必须要解决的安全问题。

④应用层安全。这部分的问题主要是客户端的应用软件安全问题，可以通过用户身份认证、应用程序的完整性校验等技术手段对其加以防范。

从上面的分析可以看出，Web 服务中主要的安全问题来自消息层的安全，原因在于 Web 服务，以及后续的 SOA 架构软件技术、云计算模式，所有的消息都是使用 SOAP（Simple Object Access Protocol，简单对象访问协议）作为消息传递的基本封闭协议。SOAP 是一种轻量、简单、基于 XML 的协议。SOAP 消息基本上是从发送端到接收端的单向传输，在 Web 上交换结构化的和固化的信息，执行类似于请求/应答的模式。所有的 SOAP 消息都使用 XML 编码。

SOAP 消息可以使用 HTTP 或其他协议进行传输，但是 SOAP 本身并不提供任何与安全相关的功能。底层传输层是可以使用 SSL/TLS 机制等手段实现消息的认证与加密传输，但是 SSL/TLS 机制只是实现网络中两个直接交互的节点之间的信息安全保障，而 SOAP 消息从用户到服务方之间可能会经过多次跳转，每个中介点在不同的应用场景下都有可能需要解析 SOAP 消息、分析转发的目标等，因此 SOAP 消息要实现的不是 SSL/TLS 机制能满足的点到点的安全（Point-to-point Fashion），而是从用户到服务的端到端保护（End-to-end Protection）。

安全架构中包括一个 WS-Security 的消息安全性模型、一个描述 Web 服务端点策略的（WS-Policy）、一个信任模型（WS-Trust）和一个隐私权模型（WS-Privacy）。在这些规范的基础上，可以跨多个信任域创建安全的、可互操作的 Web 服务，还可以提供后续规范，如安全会话（WS-Secure Conversation）、联合信任（wsFederation）和授权（WS-Authorization）。安全性规范、相关活动和互操作性概要文件组合在一起，将方便开发者建立可互操作、安全的 Web 服务。其中核心的组成部分所实现的功能如下。

① WS-Security。描述如何向 SOAP 消息附加签名和加密报头。另外，它还能够描述如何向消息附加安全性令牌（包括二进制安全性令牌）。

② WS-Policy。将描述中介体和端点上的安全性（和其他业务）策略的能力和限制，如所需的安全性令牌、所支持的加密算法和隐私权规则。

③ WS-Trust。将描述使 Web 服务能够安全地进行互操作的信任模型的框架。

④ WS-Privacy。将描述 Web 服务和请求者如何声明主题隐私权首选项和组织隐私权实践声明的模型。

由于 SOAP 消息本身是基于 XML 的，因此 WS-Security 架构中很自然地采用 XML 加密相关的技术，来实现对 SOAP 消息的扩展，把一些安全元素加入 SOAP 消息中以保证服务调用的安全（消息的机密性、完整性、用户审计认证权限策略等），达到 SOAP 消息传递乃至 Web 服务安全的保障目标。这其中 XML 加密技术主要是指对那些以 XML 格式存储或者传递的数据进行加密,而不必关心用什么具体的安全技术(如数字签名、对称私钥、非对称加密等)。对于 XML 文档来说,加密的方式可以是对整篇文档进行加密,也可以是针对某个元素(Tag)或者元素的内容进行加密。

XML 相关的安全技术标准有 W3C 和 IETF 共同发布了 XML 数字签名规范(XMLSignature Specification),旨在实现完整性和审计功能。W3C 还发布了一个 XML 加密规范(XML Encryption),规范了如何使用加密技术保证 XML 数据的机密性。使用的安全技术包括非对称加密(Asymmetric Cryptography)、对称加密(Symmetric Cryptography)、消息摘要(Message Digests)、数字签名(Digital Signatures)及证书(Certificates)。

具体来说,WS-Security 规范为 Web Service 应用的安全提供了三种保证。

①消息完整性 WS-Security 使用 XML-Signature 对 SOAP 消息进行数字签名,保证 SOAP 消息在经过中间节点时不会被篡改。

②消息加密 WS-Security 使用 XML-Encryption 对 SOAP 消息进行加密,保证 SOAP 消息即使被监听,监听者也无法提取出有效信息。

③单消息认证 WS-Security 引入安全令牌(Security Token)的概念,安全令牌代表 Web 服务请求者的身份,通过和数字签名技术结合,服务提供者可以确认 SOAP 消息由合法的服务请求者所产生。

(三)云服务传递的可用性保障

可用性作为信息安全的三要素(完整性、秘密性、可用性)之一,表现在云服务平台可以按与用户签订的协议要求,提供相应的服务。可用性保障一方面是采用技术手段,保障在云计算系统发生技术性故障或物理灾难时具有抗灾性,仍然可以提供基本质量的服务,这方面的技术手段包括容灾冗余备份、异地备份等;另一方面则保障云平台面对来自网络的恶意攻击时,仍能保障系统平稳地向外部用户提供相关服务。

上述的可用性保障的故障恢复与容灾方面,云计算平台本身具有天然的优势,因为云计算平台一般都是大规模的计算中心,这些计算中心从基础的设备建设到上层的服务器部署、网络部署都有相应的抗灾方案。因此云计算平台最主要的是防范通过公开网络对云计算平台发动的攻击。

除了传统的网络攻击,如黑客攻击、漏洞扫描、入侵等手段,对云平台威胁最大的是 DDoS(Distributed Denial of Service,分布式拒绝服务)攻击。当多个处于不同位置的攻击源同时向一个或多个目标发起攻击,致使目标机或网络无法提供正常服务,这就称其为分布式拒绝服务攻击。与其他攻击方式利用系统不同,在风暴类型的 DDoS 攻击中,有相当一部分是利用了 TCP/TP 协议的固有缺陷。

DDoS 攻击对基于网络传递服务的计算模式影响很大,特别是在云计算的环境下,有很多企业选择使用云服务及虚拟化数据中心,企业基础设施及存储大量数据的虚拟数据中心成为 DDoS 攻击的重要目标。由于多租户的普及,针对企业资源发起的 DDoS 攻击,还可能产生连锁反应,牵连采用该企业主机托管的租户。由于 DDos 攻击是利用 TCP/IP 协议的固有缺陷,因此很难设计一个完善的解决方案,Bansidhar Joshi 等则提出一个运用回溯的方式去寻找 DDoS 攻击的方法。

这个方案实现的基本思路是在使用一个基于 SOA 的方式实现对 DDoS 攻击源的回溯技术方案,称为 CTB(Cloud trace back architecture,云回溯架构)。其中 CTB 是部署在云服务的边界路由器上,基本的功能使用的是 DPM(Deterministic Packet Marking,确定性的包标识)算法对进入云边界的所有数据包进行标识,使用 IP 数据包中的 D 域和保留的区域放置 CTM(Cloud Trace back mark,云回溯标识)到数据包的包头中。每个进入边界的数据包都会加上标记,并且在传输过程中保留标记不变。

CTB 部署的位置在云计算服务平台的 Web 服务器前，一旦有 DDoS 攻击发生，攻击者向云计算服务发送的数据包就会加上标记，传送给 Web 服务处理，Bansidhar Joshi 给出的方案中使用了 BP 神经网络的算法来检测和过滤 DDoS 攻击的数据包。一旦发生有 DDoS 攻击存在，即可使用回溯算法，根据攻击包中标识，找到攻击的源点，从而阻止 DDoS 攻击的进一步发生，在 DDoS 攻击产生重大的影响之前阻止攻击发生。

第六章 大数据应用实践

第一节 大数据时代城乡规划决策及应用

在大数据时代下,城乡规划决策比较复杂,在城乡规划方面存在一定的不确定因素,针对大数据时代的现状,要求相关部门充分利用好大数据技术,对城乡进行合理的规划,确保整体合理性和科学性。本节以大数据时代下城乡规划决策要求为基础,对具体的途径进行分析。

随着科学技术的不断进步,大数据广泛应用在各行各业中,在城乡规划的过程中,各种不确定因素普遍存在,可能导致城乡规划难以顺利实施。在大数据应用中,需要为城乡规划提供全面和详细的数据信息;此外,相关部门和工作人员等需要顺应时代发展趋势,积极利用大数据的优势,结合大数据时代的特点,促使城乡规划变得更加合理和科学。

一、大数据时代对城乡规划决策的影响

在大数据时代下对城乡建设和规划的要求高,结合现有决策机制,在决策过程中,合理地进行城乡规划和建设,能确保决策的有效性。

(一)符合城乡规划的要求

在当前城乡规划和建设中,对数据的应用有严格的要求,由表征可知,各种信息是透明的,是人民主动参与到民主讨论的后盾。在城乡规划和建设中,自身具有独

特的特点,在城乡布局的过程中,在公共领域的资源配置中,确保整体科学性,可以实现多数人的价值目标。在规划设计中,进行契合性分析,在城乡布局和决策中,如果城乡规划设计和决策等地方不合理,可能会引起一系列的非平衡问题,对整体发展产生负面影响。因此,在城市决策和控制中,考虑到公共利益,要进行大规模的个体属性和需求概率分析。在大数据分析和操作中,以公共利益为基础,确定实际目标导向,给城乡规划和建设带来积极影响。从宏观角度而言,微观的个体组织结构的改变,显示了离散的流程,在城市空间建设中,符合形势要求,在大数据时代分析中,进行城乡规划有效决策。

(二)提供利益权衡机制

在大数据潮流下,利益权衡机制符合城乡规划和决策的具体要求,在单位利益权衡管理中,提供必要的数据条件,在城市发展期间,区域间的竞争激烈,以多个空间维度为基础,纵横各个方向,需要实时数据和信息等分析。在城乡规划和统一阶段,设计出严密性的管理机制,深化核心发展资源形式,有效规划后,能达到理想的目的。在大数据思想的指引下,将多个队伍进行层级划分,在当前平台下进行处理,实现空间利益的权衡。

二、城乡规划决策与大数据的耦合

在城乡规划和决策中,以大数据为基础,实现耦合性管理,对城乡规划决策与大数据的耦合进行有关研究。

(一)城乡规划数据源

在大数据整合性管理中,各个部门之间的信息和数据对比是关键,在大数据管理中,实现的是数据信息的交换。在城乡规划和设计中,由于数据比较冗杂,城乡的规划需要大量的信息,由于数据多,在管理中,涉及的部门多,需要综合考虑到多个方面。在城乡规划中,信息模式有多样化的特点,信息本身有动态特征,在时代发展中,城乡规划的数据也发生变化,要求不断进行更新和完善。大数据应用在城乡规划中,可以实现对数据和信息的详细分析。

(二)城乡规划决策的本质

城乡规划本身是个复杂和烦琐的过程,在进行城乡规划的阶段,有很多的不确定因素,此类因素可能给城乡规划带来一定的不良影响,在大数据城乡规划设计中,应进行相关性分析。在诸多不确定因素之下,实际的城乡建设和城乡规划等存在着误差,甚至存在超出可控范围的现象,必须实现对城乡规划的预测。无论是何种情况,实现规划后不能停止,在整个过程中,如果出现失败或者失误,必然会给城市建设带来消极影响。

(三)不确定性分析

城乡规划中不确定的因素多,一种是对象,另一种是决策主体。对象的不确定性指的是城乡规划的负责性,以传统数据为例,数据冗杂、处理难度大。规划主体也存在一定的不确定性,整个过程中,缺少预测工具,如果工具预测不到位,就容易增加规划难度,甚至滋生安全隐患。在城乡规划和决策中应用大数据模式,能避免各种问题,确保城乡规划和建设的稳定性。

三、大数据时代促进城乡规划决策理念发展的应用途径

(一)进行可视化创新

时代的不断发展和进步,带动了经济和科技的进步,在城乡规划和设计中,数据信息繁多,相关部门需要利用大数据来整理和分析冗杂的数据,数据可视化技术满足了这一条件,可视化技术应用中,将数据作为简单点线图,可以将其更好地呈现在受众面前。科学技术不断进步,可视化技术方式取得突出的进步。此外,仪表盘和计分板等应用后,能确保动画技术和交互式三维地图的合理性。在各种数据信息

分析中,城乡规划设计,对宏观模式有严格的要求,可以发挥可视化技术的优势,实现城乡规划的有序评估和应用。可视化技术形式可以整理和分析城市夜晚的灯光数据,结合结果进行城乡体系的热点区域评估,相比于遥感技术,可视化技术方式更加方便和快捷。

(二)实现数据信息的整合

数据的完整性和规模化等决定了城市规划和决策的对称程度,影响了城市规划的最终结果。在进行城乡规划建设中,各个部门需要转换数据格式,科学的依据方式能确保策划方案的完善性。此外,在共享平台建设中,实现的是动态数据的分析。在实时监督和管理中,提升了资源的开发效率。大数据应用的结构特殊,在数据整合中,最大限度地实现大数据的价值观。

(三)完善现有规划方案

在实施城乡规划和决策的过程中,可以提前进行模拟规划,在模拟规划设计中,能最大限度地避免出现资金损失。模拟规划的形式比较多,以空间模拟为例,此类方式对比的是模拟数据和实际数据,在城乡规划和决策中,提供准确和全面的信息。此外,在数量模拟中,利用不同种类的预测工具,在空间互相作用的模拟条件下,结合居民、开发商、政府等因素,针对实际情况提供多种决策模式,便于工作人员选择最优的方案。

时代在不断进步,信息化发展优势明显。在城乡规划和决策中,信息技术的应用能为城乡规划和决策奠定基础。以可行性方案为例,在决策和控制中,要求对应的部门根据区域的具体情况,确保城乡建设的科学性。在决策过程中提供有价值的数据信息,实现区域矛盾的缓解,保证资源配置能够更加优化和合理,实现城市的和谐发展。通过进行可视化创新、实现数据信息的整合、完善现有规划方案等方式进行城乡规划,确保城乡统一进步。

第二节 健康大数据在药物经济决策中的应用

健康大数据（Healthy big data）是随着近几年数字化浪潮和信息现代化而出现的新名词，是指无法在可承受的时间范围内用常规软件工具进行捕捉、管理和处理的健康数据的集合，是需要新处理模式才能具有更强的决策力、洞察发现力和流程优化能力的海量、高增长率和多样化的信息资产。将健康大数据应用于药物经济决策当中，对药物经济学的良好发展具有重要的意义。

一、健康大数据在药物经济决策中应用的作用

（一）监测大众身体健康状况

顾名思义，健康大数据是以人类健康为基础建立起来的数据库与信息模型。在药物经济决策中应用健康大数据，有助于更好地监测大众身体健康状况。例如，药物经济学家在进行科学的决策工作中，可以预先登录到有关数据库中检索健康大数据的各种资料和信息，从而判断出未来药物经济的发展趋势与药品研究的基本走向。

（二）科学预防各种疾病

随着大数据技术的不断发展，健康大数据应运而生。在药物经济决策中科学、合理地应用健康大数据，可以预防各种疾病。这是因为药物经济学家在分析健康大数据的过程中，能够透过诸多的健康大数据来分析未来各种疾病的发展规律与变化特征，一旦预测到疾病有恶化或者患者数量增多的趋势，就会采取相应的药物研究方法，设计出新型药物指导疾病的预防，或者注射各种疫苗来科学地控制疾病情况。

(三)分析健康发展趋势

在人类医学事业发展突飞猛进的今天,了解人类的健康发展趋势,对药物经济决策工作的影响比较大。为更好地提升药物经济学决策效果,首先要掌握人类的健康发展趋势。在这种情况下,药物经济学家在决策中可以充分借助并利用健康大数据资料,以提升决策的科学性与准确性,促进我国药物经济学的优良发展。

二、健康大数据在药物经济决策中应用的方法

(一)构建完善的大数据管理系统

加大资金投入力度,构建完善的大数据管理系统。在药物经济决策中应用健康大数据,需要从收集、分析、处理健康大数据资料和信息入手。而在整理各种健康大数据资料的过程中,对大数据信息系统的要求比较高。该系统中不仅含有国内的健康大数据信息,还包含国外众多大数据资料。只有药物经济学研究所内部具备完善的大数据管理系统,才能充分提升健康大数据的利用率,发挥健康大数据的重要作用和优势,让健康大数据能够更好地服务于药物经济学决策工作与研究工作。我国相关机构及其部门要加大资金投入力度,积极完善各类健康大数据管理系统,加强基础设施建设。

(二)建立科学的大数据分析模型

建立科学的大数据分析模型,不断提高药物经济决策的专业性,这对于健康大数据在药物经济决策中的良好应用有着积极的意义。在分析健康大数据的过程中,需要药物经济研究人员建立起科学的大数据分析模型,通过当前已经具备的科学数据来预测未来人类疾病、健康、生命发育的基本趋势。所以,要想提升决策的科学性与准确性,我国药物经济学研究人员必须提高个人的专业化发展水平,建立健全大数据信息管理制度,定期加强培训以提高科研人员的药物经济研究水平。在构建大

数据分析模型中保持科学性与谨慎性,一方面,要符合人类当前的疾病与健康发展状况。另一方面,还要提高决策的前瞻性,以更好地造福于人类。

(三)药物研究立足于健康大数据

药物研究应当以健康大数据为重要依据和基础,并且保证健康大数据得到充分的应用。健康大数据的资源比较丰富,通过对大数据系统中的信息进行检索,甚至可以挖掘出 20 世纪的诸多健康资料与数据。所以,在药物经济决策中应用健康大数据时,需要药物经济学研究人员从广泛的健康大数据信息库中收集对当下研究有用的资料和信息,这种工作的强度与难度都比较大。如果不能确保对健康大数据的充分利用,就将会影响到药物经济决策的科学性与有效性。对于这种情况,相关药物经济研究人员要保持科学、谨慎的分析态度,对健康大数据资料进行全面的处理。从过去、现在的诸多数据信息中整理出适合当前药物决策的数据资料,以充分提高药物经济决策的综合水平,并符合人类健康发展大趋势。

第三节　大数据挖掘在电商市场决策中的应用

根据 CNNIC 在 2018 年发布的中国电商市场相关购物报告,我国 2018 年电商市场消费额在社会所有消费额中占据 18.9% 的比例,为 5.48 万亿元,仅 B2C 交易额就有 3.05 万亿元。客观来讲,电商市场的飞速发展和我国的政策存在密切关系。因此,研究电商市场分析与决策应用大数据挖掘的策略具有现实意义。

一、当前大数据挖掘概况

目前,大量学科领域都对数据挖掘技术进行了应用。大数据挖掘这一技术暂时还没有明确的定义。相关学者提出,大数据挖掘是对数据包含的知识进行挖掘,这种表达方法无法将其含义充分表达出来。从广义角度看,大数据挖掘应是具有一个包含动态流入系统、Web、数据库的信息库，能够挖掘出海量数据中的趣味模式，找到有趣的知识。从技术角度看，大数据挖掘主要是在模糊的、不完全的、大量的随机设计中将隐含信息提取出来的过程，这个知识有一定的约束与前提条件，需要在一定环境领域下才具有相应实际价值。对大数据挖掘主要数据源来讲，既可以是非结构数据形式又可以是结构化数据形式，结果能够充分使用到信息分析、优化查询、过程管控、支持决策等多个方面。从贸易角度看，大数据挖掘的主要分析对象在商业数据库中，借助分析、转化、抽取等多种技术，对关键信息进行提取与收集，提供商业决策所需的支持。

二、电商市场分析与决策应用大数据挖掘的策略

（一）大数据挖掘在电商市场分析与决策中的主要功能

通常来讲，大数据的主要功能包括关联分析与概念描述、聚类分析与分类预测、演化分析与离群点分析等。

1. 关联分析与概念描述

大数据能够根据挖掘规则，找到具有依赖性的、符合特定条件的关系，这种分析方法通常被应用到电商市场购物篮相关问题，对各种商品间的内在关系进行研究，对用户平时的购买习惯展开分析，找出用户在购买一种商品时还购买的其他商品，以此来进行电商市场决策的调整。概念描述是一种带有描述性质的数据挖掘，借助数据的分类和特征化进行数据观点的对比、总结。概念描述并非是一个数据列表，而是要借助对比、汇总等多种方法进行数据概念的描述。数据特征化指的是对特征概要、目标数据进行一般描述，其输出方式包括线图、条形图、饼图等。除此之外，数据分割指的是总结和剖析目标数据的一般特征。

2. 聚类分析与分类预测

聚类分析并非标记类型的大数据集，其分析不会对类标号进行考虑。通过聚类

分析没有标记类型的数据,能够获得组群数据类型标号。借助最小化类与最大化类的基本相似性原理来进行需求对象的分析,实现对象高相似性的簇聚,并对其他簇的对象进行区分。分类预测主要基于特定技术的运用来进行未知类标号数据的探究,对数据概念模型的区分与描述进行辨别,将数据对象预测类标记进行分类,从而实现对一些未知数据的预测。

3. 演变分析与离群点分析

演变分析可以描述特定对象伴随时间变化而产生的行为趋势与规律,如序列周期模式匹配、类似性数据分析、时间序列分析等。离群点分析是一种对大数据集的分析,可以找出对象数据的模型异常、一般行为,离群点的分析和聚类分析具有较高的相关性,但是服务目的有所不同,聚类分析注重多数相似的数据集中模式,按照对象要求进行数据的组织归类,不过离群点的分析注重偏离多数模式的异常现象分析。

(二)应用大数据挖掘的具体策略

大数据挖掘应用到销售平台的优化、增值业务的拓展、产品的服务管理、用户的精准定位、客户群体的稳定、广告的准确发布等方面。

1. 销售平台的优化

在电商市场中,设置电商平台与网站的页面极为重要,平台、网站呈现的内容会对用户交易、访问等行为产生直接影响。从这个角度来考虑,将大数据挖掘应用到电商市场中用户浏览、登录的各种电商平台,可以对用户访问习惯有更深入的了解,提供给电商市场平台与网站所需的参考内容。电商网站借助用户下单、访问的记录调整电商网站内容与结构,比如把交易量高、点击率多的电商产品放在电商市场平台与网站的首页,在吸引用户注意力的同时激发其点进去的欲望。利用大数据挖掘用户的各种电商市场浏览数据,能够充分结合用户期望值与网页关联性,把用户更期望的导航链接添加于界面当中,对电商市场的服务器缓存进行科学的安排,使服务器响应消耗的时间减少,提升用户群体的满意度。

2. 增值业务的拓展

当电商平台得到的用户数据达到一定程度时,能够构建一个完整的用户数据库,对这些电商市场的用户数据展开分析能够使商家为用户有针对性地提供相似电商产品,用户感兴趣并购买后就能够提高商家的收入。目前,很多电商市场的平台与网站都在借助大数据挖掘来进行新应用的开发;而一些商家还未进行大数据挖掘,导致新业务开发难度大大增加。若运用大数据挖掘,找到电商市场中潜在的数据价值,就能够对新业务展开更有效的开发。

3. 产品的服务管理

大数据挖掘能够为商家在电商市场中进行精准决策与营销提供方案,借助对应用户的需求来生成订单,然后通过用户反馈来改进其电商产品。与此同时,运用大数据挖掘来分析用户数据可以让商家对决策与营销进行合理化改动,如调整库存、调整价格等。若商家可以准确地分析电商市场中的用户数据,那么就能根据分析出的用户需求去挖掘潜在的商机,比如对用户喜好这种潜在信息进行分析时,能够让商家的电商服务与产品质量大大提升,让商家在电商市场中提升竞争力。

4. 用户的精准定位

借助大数据挖掘,能够对电商市场中各种用户进行精确定位,使电商营销更具针对性。对电商市场的发展模式来讲,挖掘用户数据即为精确定位与细化电商市场,通过对用户的针对性选取来营销。大数据挖掘会寻找、加工、处理海量用户在交易过程中产生的各种信息,发现用户群体消费习惯与兴趣,从而对用户群体接下来的消费行为展开推断与分析,然后制订针对这些用户的电商营销方案。和原有的营销方法相比,基于用户特点的电商营销可以节约大量成本,让电商营销价值大大提升上去,将有较高忠诚度的消费者牢牢锁定起来,从而在电商市场中扩展优质电商消费资源。与此同时，对用户进行大数据分析，商家可以对用户价值高低状况进行区分，根据其价值等级进行电商市场决策，并实施不同电商销售举措，给商家带来更多的经济效益。

5. 客户群体的稳定

在电商市场分析和决策中运用大数据挖掘，能够有效稳定相应客户群。借助大数据挖掘电商用户，能够对用户喜好进行全方位、多角度的分析，从电商平台中将客户关系挖掘出来并保持稳定进行，在各种数据中重点分析客户资源，把所有用户按照不同习惯、兴趣、交易背景来划分，以预测用户行为的方式全面挖掘潜在消费者，及时维护现有的电商市场客户关系。如果用户具有高价值，可以适当提供一些附加服务，让电商市场的客户源变得更为稳定。通过大数据挖掘分析、预测用户十分重要。例如，某用户购买了一款高档手表，并对该产品做出了较好的评价，于是会向自己的亲朋好友推荐，无论亲朋好友是否有兴趣，或多或少都会前去浏览该商品，从而让电商市场的客户群体进一步扩大，获得了更多的潜在客户。通过这种客户群管理，商家可以利用大数据在电商市场中挖掘到更多客户，进一步稳定和提升客户关系。

6. 广告的准确发布

进行大数据挖掘可以通过电商用户的各种数据充分分析用户消费点所在，提供给商家广告宣传方向，把广告投入电商市场中用户消费相对较高的部分，让商家个性化的电商营销得以实现。商家应以用户的数据库为基础，构建一个电商市场概率模型，计算用户交易的概率，然后以广告获取情况对潜在客户、真实客户进行明确。对用户的广告反应进行观察和分析也能给商家广告投放时间提供积极参考。借助这样的概率分析，能够通过大数据挖掘并计算出关键词，商家可以按照关键词优化广告。

总而言之，研究电商市场分析与决策应用大数据挖掘的策略具有十分重要的意义。相关人员应对当前大数据挖掘概况有一个全面的了解,掌握大数据挖掘在电商市场分析与决策中的主要功能,并将大数据挖掘充分应用到销售平台的优化、增值业务的拓展、产品的服务管理、用户的精准定位、客户群体的稳定、广告的准确发布等电商市场分析与决策的不同方面,从而促进电商市场的平稳发展。

第四节 大数据在高校就业工作中的应用

进入 21 世纪,随着计算机、互联网技术、云计算、移动终端、数据储存方式的高速发展,大数据时代已经来临。大数据改变了人们的思维、生活习惯,帮助人类创造更大的价值。与此同时,大数据时代给高校毕业生就业工作也带来了新的变革。本节通过分析大数据应用在高校就业工作中的重要意义,探讨大数据在就业工作中的应用模式,从而为高校毕业生提供更加个性化、精准化的就业指导服务。

在大数据时代,高等教育面临一次重大的时代转型,关乎到毕业生本人发展前途、国计民生和社会和谐,高校毕业生的就业更是摆在首位。如何充分挖掘和利用大数据,加强预测和提升就业工作服务水平与质量,是当前值得探讨的课题。

一、大数据应用在高校就业工作中的重要意义

随着高等教育大众化、普及化,高校毕业生人数逐年增加。高校毕业生人数日益增多,更加严峻的就业形势引起了社会各界的广泛关注,同时也给高校的就业工作带来了巨大的压力和挑战。借助于大数据的处理和分析功能,可建立多层次、多功能的就业信息服务体系,加强就业信息统计、分析和发布,提供个性化就业指导和政策咨询服务,提升就业工作效率与服务质量。

(一)预测就业形势,为毕业生提供精准化的培养和就业指导服务

大数据的核心是预测。通过采集全体数据,筛选出有用信息,并对其进行整合、

关联分析，挖掘数据的潜在价值，把握就业新方向，从而做到预测就业形势变化、行业走向和人职匹配情况，为毕业生提供精准的就业服务。获取全体数据之后进行及时准确的分析和整合，精准发现就业服务的着力点，并提出精准预测，这是目前就业工作面临的最大挑战。在就业相关数据快速增长的形势下，数据分析的时效性也是就业工作的重点，事前的精准预测比事后统计描述更加重要。前瞻性的工作能更加有效地提升毕业生就业的质量，同时高质量的就业数据也将为招生、教学工作提供反馈与支撑。

（二）促进就业工作质量的提升

通过掌握毕业生求职、就业过程的实时信息，及时发现问题、分析需求，并提供精准的就业指导；通过对招聘企业面试、录用过程的跟踪调查，挖掘数据潜在信息，找到用人单位的录用规律，清楚就业动向。对全体相关数据进行及时收集、整合和关联分析，有效推动高校就业工作的顺利开展，提升就业服务的个性化与精准化，强化就业工作作为高校优化人才培养方案、调整专业布局、优化招生的重要参考依据，从而更好地实现大数据服务社会的功能。

二、基于大数据的高校就业工作模式

运用大数据分析技术挖掘就业群体数据的潜在价值，提升高校毕业生精准就业服务工作的水平，这也是大数据背景下高等学校精准就业服务工作新的重点。大数据在高校就业工作中的应用，主要是针对相关群体或对象的全体数据集合，包括应用识别、收集、存储、分析、挖掘等相关技术，实现对大数据这一"未来的新石油"的提纯与精简，并依托可视化技术，形成从数据整合、分析、挖掘到展示的完整闭环，帮助高校就业工作人员去更好地通过数据发现问题、解决问题、预测问题。

结合实际工作，大数据背景下的高校就业信息应建立以下三个数据库：毕业生基本信息数据库、就业市场信息数据库、离校毕业生跟踪服务数据库。这三个数据库提供的全体数据,共同保障就业工作数据的收集、识别与存储。在这三个数据库的基础上,建立信息分析系统、就业平台系统和信息联动系统,从而实现数据的分析与使用,达到精准预测就业趋势、准确提供个性化就业服务、优化高校人才培养模式的目的。

(一)数据的收集

对毕业生数据的收集,高校就业指导部门应主动汇总学籍信息、学生的图书借阅记录、社会实践活动、实习应聘情况、师生评价、消费情况、学生的兴趣爱好、就业意向和能力发展情况。

对用人单位数据的收集,主要包括用人单位官方网站,工商、税务部门登记的公司规模,社保管理机构的薪资数据、岗位变动情况、职级变动等人力资源数据,毕业生签订的就业协议书,毕业生学生的评价及社会评价。

在所要收集的数据中,既有结构化数据,也有非结构化数据。为便于对接信息分析系统,结构化数据要通过打通学生学籍系统等学生管理系统,实现数据的自动更新与提取,非结构化数据(如评价、网络行为、消费情况等以图片、数据流存储的数据)则由系统从指定来源(如官方网站、网络社区、搜索引擎等)自动收集所需数据。

(二)数据的分析与使用

通过全面整合、分析宏观经济状况、用人单位招聘岗位需求,信息分析系统可以对就业形势做出初步判断;通过对比历史同期数据,分析就业岗位的增减情况、平均起薪,系统能够预测到就业市场的新变化、不同行业的发展前景。

信息联动系统能通过分析用人单位的招聘简章,调查用人单位对毕业生的评价,通过对比分析往届高质量就业学生的特点、就业困难学生的特点,比较在校学生的相关属性,及时优化人才培养方案,有意识地纠正存在的问题。

此外，系统还可以根据毕业生投递简历的数量、简历中标率、应聘岗位的专业对口情况和消费规律等数据，筛选出可能存在的就业困难毕业生，分析其求职过程中存在的问题，预测其求职行为。就业工作人员可以依据系统提供的数据，找到真正的就业困难毕业生，引导其正确认识个人能力与心仪岗位需求的差距，及时且有针对性地采取心理辅导、求职指导及经济补贴等帮扶措施。对于想创业的学生，则可以通过系统数据为其提供可行性分析，预测目标行业的发展前景。

三、大数据应用于高校就业工作应注意的问题

借助大数据相关技术，对于数据的使用及相关工作，高校将能很好地实现从人工整理、分析向自动挖掘、智能检测、精准预测的转变，从而实现高校就业工作的全面升级转型，真正实现全程化、精准化和个性化的就业服务。但在应用过程中，还有一些亟待解决的问题。

（一）隐私信息的保护

就业相关数据库中存储着大量的毕业生个人信息、用人单位的敏感数据。高校一方面要制定信息管理的相关制度、做好信息系统及数据库的安全防范措施；另一方面，要对接触到大量隐私信息的就业相关人员进行保密工作教育，提高其有效保护和识别隐私信息和敏感数据的意识。在公开发布信息时，原则上只公布汇总分析后的结果，而不对外提供任何形式的原始资料。

（二）数据缺少交互，无法共享，制约了大数据在就业工作中的应用

目前，高校所能接触并使用的数据是远远不能满足就业工作大数据分析的需求的。政府机构和社会组织在管理过程中，存储了大量与就业相关的数据资源，这些数据更有说服力，样本群体覆盖面较广，能较准确地预测就业行业的发展前景，但由于数据缺少交互、无法共享，无法对就业工作提供借鉴。因此，高校应积极向教

育行政部门提出共享数据的方案，争取早日与相关部门实现数据对接，实现社会大数据融合，实现信息互通共享，进一步提升就业工作服务水平与高等学校社会服务水平。

高校毕业生就业工作不仅关系着毕业生个人发展前途，而且还关系着社会的和谐稳定。自高校扩招以来，高校毕业生人数与年俱增，近几年来持续出现"就业难"现象；另外，在就业市场中，用人单位常常反映难以聘请到适合的人才，出现"招工难"的现象。"就业难"和"招工难"并存的现象，充分反映了高校毕业生就业乃至整个中国就业工作的症结不在于有效需求不足，而在于就业结构不合理。将大数据相关技术应用于高校就业工作，能够更好地分析人才市场供需不匹配的现象原因，进而引导毕业生调整就业心态，促进高校人才培养模式的改革，提升高校就业工作的质量与效率。高校就业工作人员应持续丰富所需数据的来源，提高数据资源的整合和分析能力，不断挖掘数据之间的关系，更加精准地预测就业市场的变化和学生就业趋势，保障就业指导工作的针对性、实效性和科学性。

第五节 大数据在基础教育管理与决策中的应用

进入大数据时代，基础教育管理和运行迎来了更多的发展机遇，基于大数据的预测、分析将逐步融入基础教育管理和决策中。大数据技术和思维将影响基础教育管理与决策的各个环节，影响基础教育发展规划，改变基础教育教学评价体系，甚至在基础教育教学思维中产生深远的影响。基础教育管理工作者应主动研究和思考，以积极的态度迎接大数据时代的来临。

近年来，全球知名的麦肯锡咨询公司提出"大数据"（big data）概念后，大数据已成为描述信息时代技术发展与创新的标志，基于大数据的管理与决策已经渗透进许多行业领域，成为创新驱动的重要因素；基于大数据的运用和挖掘，人们可以改变传统经验管理和决策方式，可预期更高效率的管理和决策得以实现。大数据作为一项颠覆性的技术革命在电子商务、军事、金融等学科领域已经取得突破，而在基础教育中的管理与决策领域的应用才刚刚起步。如何挖掘和应用数据资产为基础教育的管理和决策提供高质量的服务，成为教育主管部门和中小学校需要深入研究的重大课题。

一、管理与决策进入大数据时代

当前，越来越多人们的意识到大数据在管理和决策中的重要性，管理和决策将更多地依靠大数据做出分析和判断，而并非习惯基于经验积累和直觉判断。美国哈佛大学社会学教授加里·金说："这是一场革命，庞大的数据资源使得各个领域开始了量化进程，无论学术界、商界还是政府，所有领域都将开始这种进程。"从基础教育的角度来看，均衡教育资源、制订中小学招生计划与政策、教学运行管理、管理思维方式、家长互动、学生学习行为引导、教学评估等都有大数据施展的空间。大数据可以为基础教育提供准确的预测性判断，形成有效公共教育资源供给决策与评价，同时也满足部分特殊群体的个性化教育需求，提供符合教师特质的教育教学水平培训与辅导。

引入大数据进行管理与决策，必须有足以支撑进行数据分析的数据来源。涉及基础教育管理与决策的数据除了来自政府机构、教育主管部门、学校、社区、媒体及其他社会组织等产生和公布的信息外，更多地还是依赖于各种网络终端等所产生的数据。目前，中国互联网呈现发展主题从"数量"向"质量"转换、互联网与传统经济社会结合、影响力度更加紧密深远等特点。无论网民通过什么终端参与进网络活动，都会产生相应数据，这些数据为预测、判断目标人群的行为、心理提供了支撑。比如大型赛事组委会就可以通过大数据模拟和预测各场比赛的人流、交通、治安变化，制订各种工作方案，基于大数据的管理和决策更能迎合公众的需求，"大数据"

在分析方法和决策过程上突破了人们习惯的思维方式,基于公众需求的政策和服务是现代技术条件下的"私人订制"创新产品,基础教育的管理和决策推出"私人订制"模式必然受到社会各界包括中小学校教育工作者的欢迎,也是基础教育事业的颠覆性变革。

二、大数据对基础教育产生巨大影响

从百度"迁徙图"就能看到大数据已经在电子商务、金融、交通等社会方方面面产生深刻的影响。作为社会子系统的重要构成元素,基础教育必将受到大数据时代的深刻影响。

(一)大数据的特征必将影响基础教育的管理和决策

教师、学生和家长手机使用、学籍登记、成绩、图书借阅、各类即时聊天工具、论坛及微信、微博都会产生大量数据,而且随着时间的推移会积累更多数据,这些构成了基础教育信息管理与决策系统中的数据基础之一。大数据来源特征是数据量大和类型繁多,极大地超越了传统的基础教育决策所依赖的数据性质,避免决策因为数据不全面而导致的"小信息量"决策错误和偏差。大数据的数据具有信息纯度高的特征,海量信息通过强大的云计算可以更迅速地完成有价值数据的提取,避免人为因素误导数据的统计和分析。另外,大数据处理速度快、时效性极高,传统数据挖掘处理无法胜任的工作,大数据可以利用优化的技术架构和路线实现高效的海量信息处理。对采集到的数据进行直观有效的数据库管理,通过数据采取筛选对数据库的信息资源进行编辑加工、统计分析、信息监控、定制、备份等操作。所有信息可以转换成特定的数据库、图像、文本格式进行归档存储,通过不断沉淀将采集到的数据作为历史资料、背景资料随时备用。大数据具有的这些特征使得现代基础教育管理与决策有了过去无法比拟的技术支撑,也拓展了全新的基础教育发展的空间与潜力。

（二）大数据对基础教育管理核心环节的支撑

我国基础教育政策的产生与执行更多的是由上而下进行推动,这种模式使基础教育政策具有严肃性和刚性,在特定阶段对推动基础教育发展发挥了巨大的作用。而随着社会经济的快速发展,基础教育资源已不能完全满足全社会的期望,在这种情况下,矛盾便自然产生了。基础教育管理各个核心环节,常常需要精准的数据描述过去、现状和未来。比如,合肥市进行中小学学区调整,这需要人口数量、师生比、人口结构、适龄儿童、交通状况、城市规划等大量的数据作为支撑,传统的数据来源较为单一和静态,而学区的调整更多地需要满足现有需求并保证在相当长的时间内保持稳定,传统的数据无法完成这样前瞻和复杂的任务,经验型的管理和决策也无法适应快速发展的社会需求。一个学区对应的学校容量看似刚好满足需求,很难说不是因为区域内的人口年龄结构的特殊性,使得在两三年后形成入学高峰。大数据可以对复杂情况进行梳理和预判,大数据具有预测的优势,海量数据的基础上的云计算可以有效预测未来某些事情发生的趋势和可能性。随着数据积累越来越多,预测模型优化和系统改进,常规难以准确把握的中小学招生生源情况、师资培训需求、跨区域教育资源调配可以实现提前判断的目标。

（三）教与学的创新

有了大数据做支撑,过去教与学过程中很多难以破解的问题将产生解决方案,教学理念与学习方法也将随之发生变化。比如,标准化、产业化的教学模式影响深远,这种教学模式在现阶段有其合理性,比如基础教育强调在知识一定的逻辑起点,按照统一的教学大纲和要求,实施均质化教学,同步发展,而忽略学生的学习能力和状态。我国基础教育虽然提倡个性化教学和因材施教,但在传统的班级教学模式下要实现个性化教学存在现实的困难。大数据的运用使教师在衡量学生学习效果时,不再单纯依靠频繁的考试进行,而在更广阔的空间和角度审视学生群体和个体的信息，选择最合适的学生群体教学方法和个体提高辅助教学，学生自主学习的盲目性也会因此大大减少。通过大数据相关的学习应用软件，可以分析学生目前掌握了哪些知识点、进行某门课程的学习最合适的学习方法是什么。学生的学习行为可以得到实时衡量和调整，如果某个知识点没有掌握，系统重复强化。大数据应用学习还可以为学生主动推荐学习资源，在知识点之间建立起逻辑联系，总结出启发式规律，设计合理的学习计划，教与学实时互动，帮助学生拓展和完善知识面与知识结构，激发和挖掘学生兴趣爱好和天赋，有利于培养学生特长，激发学生的创造力。

从中小学教学管理的角度，大数据也可以发挥作用。比如在过去的教学评价中，给出的教师教学指导意见是相对模糊的定性结论，而有了大数据的支撑，通过分析学生在上课时的状态，判断学生听课过程中被哪些内容吸引、对哪些内容不感兴趣，教师依此进行教学内容和教学方法调整。传统的教师教学评价虽然在内容上力求全面描述教师教学因素，但是在实际执行中，却很难对教师师德等柔性因素进行衡量，而大数据技术的应用就可以发现异常信息，学校管理层可以进行甄别核实，对确有问题隐患的教师进行提醒和警示，对已经发生问题的教师及时采取相关措施。传统的教学评价的参与者是学生、同行教师、教学督导、学校领导，看似完整的评价链条可能因为参与者的心理因素而导致结果失真。大数据技术的信息来自学生、教师、家长等更宽泛的人群，结果更真实可信。另外，教学测评不再是每学期固定时间进行的固定工作，可以在教学过程中进行全时段评价，实现了教学效果动态监测。

在基础教育管理中，对中小学的各种检查评估是常规工作，这些检查涉及教学评估、校园安全、精神文明、食品安全等方面，每项工作都需要组成检查评估组，各被检查单位都要耗费大量的时间精力进行准备。在基础教育管理领域检查评估中引入大数据，不仅能减少检查评估的工作量、减少中小学校迎检压力，更能提高检查评估的科学性，变突击检查为长效监督检查机制，从而真正实现科学管理和监督。

（四）校园安全和舆情管理

在学生管理工作中，教师最头痛的是学生不把自己的真实想法、心理状态、遇到的问题和教师及时进行沟通，教师只能凭借细致的观察和经验判断来洞察学生的细微变化，比如学生是否存在早恋、是否迷恋网络游戏或疯狂追星。极端的情况常常掩盖在看似平静的状态中，很多教师感慨"现在的学生太难管了"。大数据技术可以针对学生群体和个体进行长期行为和心理状态分析，教师在原来不可能的角度观察学生群体和个体的行为变化，可以通过大量数据的分析归纳，找出学生活动的规律，借此判断学生的情绪状态和心理状态，发现异常信息及时干预，避免事故的发生。

第七章 大数据技术发展展望

大数据在未来发展中挑战和机遇并存,将转入理性发展阶段、落地应用阶段,未来几年将逐渐步入理性发展期。目前,大数据已成为继云计算之后信息技术领域的另一个信息产业的增长点,各国政府都在积极推动着大数据技术的发展。但大数据目前的发展仍面临着很多问题,当中安全与隐私问题是人们公认的关键问题。本章将从大数据的发展趋势方面,对大数据的安全与隐私问题、大数据挖掘以及大数据在高校发展中的应用进行研究。

第一节 大数据信息安全与信息道德

一、大数据时代下的隐私保护技术

(一)数据溯源技术

早在大数据出现之前,数据溯源技术就已经得到了十分广泛的应用。该技术能够帮助用户对数据的来源进行确定,从而对数据的分析结果进行检验,同时对数据不断进行更新。在数据溯源技术当中,最为基本的方法就是标记法。在长时间的不断应用和发展中,逐渐流变为 Where 和 When 两种不同的模式,分别侧重数据的出处和计算方法。在文件的恢复和溯源过程中,该项技术能够更发挥出极大的作用,同时,还可在云存储场景中得到应用。目前,数据溯源技术已经被列为保护国家安全的三大重要技术之一,在大数据时代下的数据信息安全领域中,有巨大的发展前景和宽阔的发展空间。

(二)数据发布匿名保护技术

对于大数据中的结构化数据而言,数据发布匿名保护技术是对大数据中结构化数据实现隐私保护的核心关键与基本技术手段,目前仍处于不断发展与完善阶段。K 匿名方案 K- 匿名技术要求发布的数据中存在一定数量(至少为 k)的在准标识符上不可区分的记录,使攻击者不能判别出隐私信息所属的具体个体,从而保护了个人隐私。在一定程度上保护数据的隐私,便能够很好地解决静态、一次发布的数据隐私保护问题,但不能应对数据连续多次发布、攻击者从多渠道获得数据的问题的场景。

(三)社交网络匿名保护技术

社交网络产生的数据是大数据的重要来源之一,同时这些数据中夹杂着大量用户隐私数据。由于社交网络具有图结构特征,其匿名保护技术与结构化数据有很大不同。

社交网络中的典型匿名保护需求为用户标识匿名与属性匿名(又称点匿名),在数据发布时隐藏了用户的标识与属性信息,以及用户间关系匿名(又称边匿名),在数据发布时隐藏用户间的关系。而攻击者试图利用节点的各种属性(度数、标签、某些具体连接信息等),重新识别出图中节点的身份信息。目前有两种解决方案:一个是边匿名方案多基于边的增删,用随机增删交换边的方法有效地实现边匿名。另一个重要思路是基于超级节点对图结构进行分割和集聚操作。

(四)身份认证技术

身份认证技术能够对用户及其使用设备的行为数据进行收集和分析,获取其具体的行为特征。然后,利用获取的这些特征,对用户和使用设备的行为进行验证,对用户身份进行认证。身份认证技术能够较为有效地减少和避免黑客的攻击,降低用户的负担,同时,还能够对不同系统的认证机制进行统一。

(五)数据水印技术

数字水印是指将标识信息以难以察觉的方式嵌入在数据载体内部且不影响其使用的方法,多见于多媒体数据版权保护。也有部分针对数据库和文本文件的水印方案。存在一个前提是当前方案多基于静态数据集,针对大数据的高速产生与更新的特性考虑不足,数据中存在冗余信息或可容忍一定精度的误差。

(六)角色挖掘技术

在最初的以相关角色为基础进行访问控制的相关技术当中,采取的是自上向下的管理模式,即按照企业的角色进行角色分工。其后则采取了自下向上的管理模式,即以当前角色为基础,优化和提取角色,也就是实现角色的挖掘。根据用户的实际情况,该项技术能够对角色进行自动生成,从而及时地提供个性化服务,第一时间就能够发现用户异常,发现潜在的危险。

(七)风险自适应的访问控制

风险自适应的访问控制是针对在大数据场景中,安全管理员可能缺乏足够的专业知识,无法准确地为用户指定其可以访问的数据的情况。目前,现有的解决方案为基于多级别安全模型的风险自适应访问控制解决方案、基于模糊推理的解决方案等。但在大数据环境中,风险的定义和量化都比以往变得更加困难。

二、大数据时代下的隐私保护措施

(一)引导企业合理利用隐私数据

对于大数据隐私保护问题而言,堵不如疏,越是强制性地禁止企业及相关组织利用隐私数据,它们越是会为了利益而暗地里进行使用;而如果不强制性地禁止这一行为,反而对其加以合理引导的话,则会达到双赢的局面。因此,国家应当尽快完善相关法律,明确隐私数据的可使用范围,划分隐私安全等级,允许在保障用户安全的基础上合理使用隐私数据获取一定的利益,这也是促进国家经济发展的一项有效举措。

(二)加强隐私保护宣传教育

由于很多个人隐私都是用户自己在没注意的情况下主动泄露出去的,所以若想加强隐私保护,还需要加强人们的隐私保护意识。国家和社会上的有关组织应当要加大对隐私保护的宣传,使人们了解隐私泄露可能会带来的危害,提醒人们不要随意在网络上发布自己的个人信息,从而在根源上切断隐私泄露来源。

三、信息道德

(一)信息道德的概念与内涵

信息道德又称信息道德伦理,是指在信息的采集、加工、存储、传播和利用等各个环节中,用来规范期间产生的各种社会关系的道德意识、道德规范和道德行为的总和。能够它通过社会典论、传统习俗,使人们形成一定的信念、价值观和习惯,从而使人们自觉地通过自己的判断来规范自己的信息行为。信息道德也可以看作调整人们之间以及个人和社会之间信息关系的行为规范的总和。

信息行为是最基本的人类社会行为,它是信息制造者、信息服务者和信息使用者的信息行为的规范。它不同于传统道德的特征主要在于:它是以传统道德为原型,建立在电子信息网络的基础上,是信息技术的派生物,其包括网络行为,也包括基于传统媒体(如报纸、杂志、书籍等)和其他电子媒体(如电视、广播等)的信息行为,所以信息道德包含网络道德,网络道德是其最重要的组成部分。

（二）信息道德教育的内容体系

信息道德的内容可概括为两个方面、三个层次。

这里的两个方面是指主观方面和客观方面。

主观方面指人类个体在信息活动中以心理活动形式表现出来的道德观念、情感、行为和品质，即个人信息道德。例如，对信息劳动的价值认同，对非法窃取他人信息成果的批判等。

客观方面指社会信息活动中人与人之间的关系以及反映这种关系的行为准则与规范，即社会道德行为。例如，扬善抑恶、权利义务、契约精神等。

所谓三个层次，是指信息道德意识、信息道德关系和信息道德活动。

信息道德意识包括与信息相关的道德观念、道德情感、道德意志、道德信念、道德理想等。它是信息道德行为的深层心理动因，集中地体现在信息道德原则、规范和范畴之中。

信息道德关系包括个人与个人的关系、个人与组织的关系、组织与组织的关系。这种关系是建立在一定的权利和义务的基础之上，并通过一定的信息道德规范形式表现出来的。

例如，联机网络条件下的资源共享，网络成员既有共享网上信息资源的权利，也要承担相应的义务，遵循网络的管理规则。成员之间的关系是通过大家共同认同的信息道德规范和准则所维系的。信息道德关系是一种特殊的社会关系，是被经济关系和其他社会关系所决定、所派生出来的人与人之间的信息关系。

信息道德活动包括信息道德行为、信息道德评价、信息道德教育和信息道德修养等。信息道德行为是人们在信息交流中所采取的有意识的、经过选择的行动；根据一定的信息道德规范对人们的信息行为进行善恶判断即为信息道德评价；信息道德教育是按一定的信息道德理想对人的品质和性格进行陶冶；信息道德修养则是人们对自己的信息意识和信息行为的自我解剖、自我改造。

（三）信息道德的培养

信息道德作为一种规范信息行为的有效手段，其培养并非一朝一夕的事，也不是学校教育单方面能够胜任的，它需要学校、家庭、社会三方面的协同努力。结合信息道德的内容（即主观方面和客观方面），信息道德学校教育也可以从主观和客观两个方面开展。

1."一主多辅"模式

信息道德的学校教育，也不仅仅是信息技术教师所能独自承担的，同样需要其他各科教师的协同配合，所以在开展信息道德学校教育的时候应采取"一主多辅"的模式，即信息技术教师承担主要的任务，通过认真落实信息技术教育中信息道德的课程目标来完成信息道德学校教育的任务。除此之外，信息技术教师需要承担起对其他任课教师的信息道德的培训和教研工作，使其他任课教师深切地认识到信息道德的重要性，其所包含的内容以及如何将信息道德教育穿插在自己的课程当中。

在接受培训和进行了一定的教研工作之后，其他任课教师则在实际的学习生活当中潜移默化地将信息道德教育加入到自己的课程当中。如此一来，"一主多辅"的信息道德学校教育模式可以从多方面、多角度开展，效果将会更加理想。

2.让学生从主观上认识信息道德

教师通过"一主多辅"模式进行的信息道德教育，往往是通过社会价值去判断的，是对学生进行信息道德教育的客观性教育，然而，信息道德教育的目标是要让学生首先从主观上真正地认识和接受信息道德。因此，应该多创造一些任务驱动式的活动、协作学习式的活动（如利用信息技术制作信息道德专题网站，宣传信息道德）来使学生切身感受到信息道德。

第二节　大数据挖掘的发展趋势

一、数据挖掘概述

数据挖掘（Data Mining）就是从大量、不完全、有噪声、模糊、随机的实际应用数据中，提取隐含在其中的、人们事先不知道的但又是潜在有用的信息和知识的过程。从商业角度来讲，数据挖掘是一种新的商业信息处理技术，其主要特点是对商业数据库中的大量业务数据进行抽取、转换、分析和其他模型化处理，从中提取出辅助商业决策的关键性数据。

数据挖掘其实是一类深层次的数据分析方法。数据分析本身已经有很多年的历史，只不过在过去数据收集和分析的目的是用于科学研究，且由于当时计算能力的限制，对大数据量进行分析的复杂数据分析方法受到很大限制。现在，由于各行业业务自动化的实现，商业领域产生了大量的业务数据，这些数据不再是为了分析的目的而收集的，而是为了纯商业运作而产生的，分析这些数据也不再是单纯为了研究的需要，更主要是为商业决策提供真正有价值的信息，进而获得利润。但所有企业都面临着一个共同问题：企业数据量非常大，而其中真正有价值的信息却很少，因此从大量的数据中经过深层分析，获得有利于商业运作、提高竞争力的信息，就像从矿石中淘金一样，"数据挖掘"也因此而得名。

因此，数据挖掘可以描述为：按企业既定业务目标，对大量的企业数据进行探究和分析，揭示隐藏的、未知的或验证已知的规律性，并进一步将其模型化的先进有效的方法。

二、大数据挖掘的内容

(一)数据挖掘的任务

数据挖掘的任务主要是关联分析、聚类分析、分类、预测、时序模式和偏差分析等。

1. 关联分析

两个或两个以上变量的取值之间存在某种规律性,就称为关联。数据关联是数据库中存在的重要的、可被发现的知识。关联分为简单关联、时序关联和因果关联。关联分析的目的是找出数据库中隐藏的关联网,一般用支持度和可信度两个值来度量关联规则的相关性,引入兴趣度、相关性等参数,使得所挖掘的规则更符合需求。

2. 聚类分析

聚类是把数据按照相似性归纳成若干类别,同类中的数据彼此相似,不同类中的数据相异。聚类分析可以建立起宏观的概念,发掘数据的分布模式以及可能数据相关属性之间的关系。

3. 分类

分类就是找出一个类别的概念描述,它代表了这类数据的整体信息即该类数据的内涵描述,并用这种描述来构造模型,一般用规则或决策树模式表示。分类是利用训练数据集通过一定的算法而获得分类规则。分类可被用于规则去描述和预测。

4. 预测

预测是利用历史数据找出变化规律,建立模型,并由此模型对未来数据的种类及特征进行预测。预测关心的是精度和不确定性,通常用预测方差来进行度量。

5. 时序模式

时序模式是指通过时间序列搜索出的重复发生概率较高的模式。与回归一样,它也是用已知的数据预测未来的值,但这些数据的区别是变量所处时间的不同。

6. 偏差分析

在偏差中包含很多有用的知识，数据库中的数据存在很多异常情况，发现数据库中数据存在的异常情况是非常重要的。偏差检验的基本方法就是寻找观察结果与参照之间的差别。

（二）数据挖掘的过程

定义问题：清晰地定义出业务问题确定数据挖掘的目的。

数据准备：选择数据——在大型数据库和数据仓库目标中提取数据挖掘的目标数据集；数据预处理——进行数据再加工，包括检查数据的完整性及数据的一致性、去噪声，填补丢失的域，删除无效数据等。

数据挖掘：根据数据功能的类型和数据的特点选择相应的算法，在净化和转换过的数据集上进行数据挖掘。

结果分析：对数据挖掘的结果进行解释和评价，转换成为能够最终被用户理解的知识。

知识的运用：将分析所得到的知识运用到业务信息系统的组织结构中去。

（三）数据挖掘常用技术

1. 关联规则挖掘技术

关联规则挖掘的目的是发现数据之间的关联特性。在许多应用中，往往希望发现数据上较高层次的概念的关联性，即数据库中一组对象之间某种关联关系的规则，因此产生了泛化的和多层次的关联规则挖掘方法。在数据挖掘领域中，关联规则应用最为广泛，是重要的研究方向。一般来讲，可以用多个参数来描述一个关联规则的属性，常用的有可信度、支持度、兴趣度、期望可信度、作用度。

2. 人工神经网络方法

人工神经网络方法仿照生理神经网络结构的非线性预测模型，通过学习进行模式识别。神经网络主要有前馈式网络、反馈式网络及自组织网络三种模型,而其中人工神经网络是典型的机器学习方法。人工神经网络广泛应用于预测、模式识别、优化计算等领域,也可用于数据挖掘中的聚类分析。

3. 决策树方法

决策树方法以数据集中各字段的信息增益为依据;以信息增益最大的字段作为决策树的根节点;并依次对各个子树进行类似的操作,直到确定决策树的所有节点。决策树方法可用于数据挖掘中的数据分类当中。

4. 基于模式的相似搜索技术

基于模式的相似搜索技术主要用于从时态数据库或共同时态数据库中搜索相似的模式。这类技术需要事先定义相似的测度,一般可用欧拉距离和相关性来衡量模式的相似程度。

5. 遗传算法

遗传算法基于进化理论,并采用遗传结合、遗传变异,以及自然选择等设计方法的优化技术。它先将搜索结构编码为字符串形式,每个字符串称为个体,然后通过遗传算法(如复制、杂交、变异及反转等)对一组字符串进行循环操作,未达到进化的目的。遗传算法已经在优化计算、机器学习等领域中得到广泛的应用。

6. 粗糙集方法

粗糙集理论是近年来兴起的研究不精确、不确定性知识的表达、学习、归纳等方法。粗糙集方法是模拟人类的抽象逻辑思维,它以更接近人们对事物的描述方式的定性、定量或者混合信息为输入,输入空间与输出空间的映射关系是通过简单的决策表所简化得到的,它通过考察知识表达中不同属性的重要程度的方法,来确定哪些知识是冗余的,哪些知识是有用的。进行简化知识表达空间是基于不可分辨关系的思想和知识简化的方法,从数据中推理逻辑规则作为知识系统的模型。

（四）数据挖掘工具

随着越来越多的软件供应商加入数据挖掘这一行列，现有的数据挖掘工具的性能得到进一步增强，使用更加便捷，其价格门槛也迅速降低，为应用的普及带来了可能。

1. 数据挖掘工具分类

一般来讲，数据挖掘工具根据其适用的范围分为两类：专用数据挖掘工具和通用数据挖掘工具。专用数据挖掘工具是针对某个特定领域的问题提供解决方案，在涉及算法的时候充分考虑到了数据需求的特殊性，并做了优化；而通用数据挖掘工具不区分具体数据的含义，采用通用的挖掘算法，处理常见的数据类型。

2. 数据挖掘的功能和方法

数据挖掘的功能即是否可以执行各种数据挖掘的任务，如关联分析、分类分析、序列分析、回归分析、聚类分析、自动预测等。数据挖掘的过程一般包括数据抽样、数据描述和预处理、数据变换模型的建立、模型评估和发布等，因此一个好的数据挖掘工具应该能够为每个步骤提供相应的功能集。数据挖掘工具还应该能够方便地导出挖掘的模型，从而在以后的应用中使用该模型。

3. 数据挖掘工具的特点

（1）可伸缩性

可伸缩性也就是解决复杂问题的能力。一个好的数据挖掘工具应该可以处理尽可能大的数据量，可以处理尽可能多的数据类型，可以尽可能高地提高处理的效率，尽可能使处理的结果有效。如果在数据量和挖掘维数增加的情况下，挖掘的时间呈线性增长，就可以认为该挖掘工具的伸缩性较好。

（2）可视化

这包括源数据的可视化、挖掘模型的可视化、挖掘过程的可视化、挖掘结果的可视化。可视化的程度、质量和交互的灵活性都将严重影响到数据挖掘系统的使用和解释能力。毕竟人们接受外界信息的80%是通过视觉所获得的，因此数据挖掘工具的可视化能力就相当重要。

（3）开放性

开放性即数据挖掘工具与数据库的结合能力。好的数据挖掘工具应该可以连接尽可能多的数据库管理系统和其他的数据资源，应尽可能地与其他工具进行集成；尽管数据挖掘并不要求一定要在数据库或数据仓库之上进行，但数据挖掘的数据采集、数据清洗、数据变换等将耗费巨大的时间和资源。

因此，数据挖掘工具必须要与数据库紧密结合，减少数据转换的时间，充分利用整个数据和数据仓库的处理能力，在数据仓库内直接进行数据挖掘，而且开发模型、测试模型、部署模型都要充分利用数据仓库的处理能力。另外，多个数据挖掘项目均可以同时进行。

（4）操作的简易性

一个好的数据挖掘工具应该为用户提供友好的可视化操作界面和图形化报表工具，在进行数据挖掘的过程中应该尽可能提高自动化运行程度。因为它是面向广大用户的而不是熟练的专业人员。

4. 数据挖掘工具的选择

数据挖掘是一个过程，只有将数据挖掘工具提供的技术和实施经验与企业的业务逻辑和需求紧密结合起来，并在实施的过程中不断地进行磨合，才能取得成功，因此我们在选择数据挖掘工具的时候，要以实际出发具体分析，全面考虑多方面的因素。

三、大数据挖掘技术的应用

（一）数据挖掘解决的典型商业问题

需要强调的是，数据挖掘技术从一开始就是面向应用的。目前，在很多领域，数据挖掘（Data Mining）都是一个很时髦的词，尤其是在银行、电信、保险、交通、零售（如超级市场）等商业领域。数据挖掘所能解决的典型商业问题包括数据库营销、客户群体划分、背景分析、交叉销售等市场分析行为，以及客户流失性分析、客户信用记分、欺诈发现等。

（二）数据挖掘在企业市场营销中的应用

数据挖掘技术在企业市场营销中得到了比较普遍的应用。通过收集、加工和处理涉及消费者消费行为的大量信息，确定特定消费群体或个体的兴趣、消费习惯、消费倾向和消费需求，进而推断出相应消费群体或个体下一步的消费行为，然后以此为基础，对所识别出来的消费群体进行特定内容的定向营销，这与传统的不区分消费者对象特征的大规模营销手段相比，便大大节省了营销成本，增加了营销效果，从而为企业带来更多的利润。

基于数据挖掘的营销，企业常常可以向消费者发出与其以前的消费行为相关的推销材料。企业建立一个拥有几千万客户资料的数据库，而数据库是通过收集对企业发出的优惠券等其他促销手段做出积极反应的客户和销售记录而建立起来的，企业通过数据可挖掘并了解特定客户的兴趣和口味，并以此为基础向他们发送特定产品的优惠券，且为他们推荐符合客户口味和健康状况的产品食谱。

基于数据挖掘的营销对我国当前的市场竞争也很具有启发意义。我们经常可以看到繁华商业街上一些厂商对来往行人不分对象地分发大量商品宣传广告，其结果是不需要的人随手丢弃资料而需要的人并不一定能够获得广告。如果搞家电维修服务的公司向在商店中刚刚购买家电的消费者邮寄维修服务广告，肯定会比漫无目的的营销好得多。

四、大数据挖掘的发展趋势

经过多年的研究与实践，数据挖掘技术吸收了许多学科的最新研究成果而逐渐形成了一个独具特色的研究分支。但数据挖掘理论仍然不成熟,没有形成完善的理论体系,数据挖掘的研究和应用还面临着许多挑战。从目前情况来看,数据挖掘仍然处于广泛研究和探索阶段。一方面,数据挖掘的概念已经被广泛接受,在理论上,一批具有挑战性和前瞻性的课题被提出,吸引了越来越多的研究者。另一方面,数据挖掘的广泛应用还需要一段时间,需要工程实践的积累。随着数据挖掘技术在学术界和企业界的影响越来越大,数据挖掘的研究会向着更深入更实用的技术方向发展。目前,大学和研究机构的基础性研究大多集中在数据挖掘理论和挖掘算法的探讨上,而企业中的研究人员则更注重将其与实际商业问题的结合。根据目前的研究和应用现状,数据挖掘的研究焦点集中在以下10个方面。

(一)数据挖掘系统的构架与交互式挖掘技术

经过多年的探索,数据挖掘系统的基本构架和过程趋于明朗局面,但是受应用领域、挖掘数据类型、知识表达模式等的影响,在具体的实现机制、技术路线以及各阶段或部件(如数据清洗、知识形成、模式评估等)的功能定位等方面仍需细化和深入研究。由于数据挖掘是在大量的源数据集中挖掘潜在的、事先并不知道的知识,因此与用户交互式进行探索性挖掘是必要的。这种交互可能发生在数据挖掘的各阶段,从不同角度或不同粒度进行交互。所以,良好的交互式挖掘,也是数据挖掘系统成功的前提。

(二)数据挖掘语言与系统的可视化问题

对OLTP应用来说,结构化查询语言SQL已经得到充分发展,并成为支持数据库应用的重要基石。但是对于数据挖掘技术而言,由于诞生得较晚,而且比OLTP应用复杂,因此开发相应的数据挖掘操作语言仍然是一件极富挑战性的工作。可视化要求已经成为目前信息处理系统中的一个必不可少的技术。对于一个数据挖掘系统来说,可视化是很重要的。可视化挖掘除了要与良好的交互式技术相结合外,还必须在挖掘结果或知识模式的可视化、挖掘过程的可视化以及可视化指导用户挖掘等方面不断进行探索和实践。数据的可视化消除了人们对知识发现的神秘感,从某种角度来说,起到了推动人们主动进行知识发现的作用。

(三)数据挖掘技术与特定商业逻辑的平滑集成问题

利用领域知识对行业或企业知识挖掘的约束与指导、商业逻辑有机嵌入数据挖掘过程等关键课题,将是数据挖掘与知识发现技术研究和应用的重要方向;使用背景知识或领域的信息来指导发现过程,可以使得发现的模式以简洁的形式在不同的抽象层所表示,而数据库的领域知识,如完整性约束和演绎规则,可以帮助聚焦和加快数据挖掘过程,或评估发现的模式的兴趣度。

(四)数据挖掘技术与特定数据存储类型的适应问题

不同的数据存储方式会影响数据挖掘的具体实现机制、目标定位、技术有效性等。采用一种通用的应用模式适合所有的数据存储方式来发现有效知识是不现实的。因此,针对不同数据存储类型的特点,进行针对性研究是目前流行也是将来一段时间内所必须面对的问题。

(五)大型数据的选择与预处理问题

数据挖掘技术是面向大规模数据的。通常,源数据库中的数据可能是动态变化的,数据存在噪声、不确定性、信息丢失、信息冗余、数据分布稀疏等问题。数据挖掘技术又是面向特定目标的,大量的数据需要有选择性地利用,因此需要挖掘前的预处理工作。随着复杂数据的大量出现,如何快速、有效地对数据进行预处理使之适合特定的应用,需要更深入的研究。

(六)数据挖掘理论与算法研究

经过十几年的研究和发展,数据挖掘已经在继承和发展相关基础学科(如机器学习、统计学等)成果方面取得了可喜的进步外,也探索出了许多独具特色的理论体系。但是，这并不意味着挖掘理论的探索已经结束，恰恰相反，这反而给研究者留下了丰富的理论课题。一方面，在这些大的理论框架下，有许多面向实际应用目标的挖掘理论有待进一步的探索和创新。另一方面，随着数据挖掘技术本身和相关技术的发展，新的挖掘理论的诞生是必然的，而且可能对特定的应用产生推动作用。新理论的发展必然促进新的挖掘算法的产生。这些算法可能扩展挖掘的有效性，如针对数据挖掘的某些阶段、某些数据类型、大容量源数据集等更有效，可能提高挖掘的精度或效率，可能会融合特定的应用目标，如客户关系管理（CRM）、电子商务等。因此，对数据挖掘理论和算法的探讨将是长期而艰巨的任务，特别是像定性定量转换、不确定性推理等一些根本性的问题还没有得到很好的解决，同时需要研发针对大容量数据的有效和高效算法。

（七）与数据库、数据仓库系统集成

数据挖掘系统设计的一个关键问题是如何将数据挖掘系统与数据库系统和数据仓库系统集成或耦合。一个好的系统结构将会有利于数据挖掘系统更好地利用软件环境，有效、及时地完成数据挖掘任务，与其他信息系统协同和交换信息，适应用户的种种需求，并随时进化。

（八）与语言模型系统集成

目前，关系查询语言（如SQL）允许用户提出特定的数据检索查询，但尚不能简单实现数据挖掘的功能。我们需要开发高级数据挖掘查询语言，使得用户通过说明分析任务的相关数据集、领域知识、所挖掘的知识类型、被发现的模式必须满足的条件和约束，描述特定的数据挖掘任务。这种语言应当与数据库或数据仓库查询语言集成，并且对有效的灵活的数据挖掘是优化的。

（九）挖掘各种复杂类型的数据

对于不同的用户可能对不同类型的知识感兴趣，数据挖掘应当涵盖范围很广的数据分析和知识发现任务,其中包括数据特征化区分、关联与相关分析、分类、预测聚类、异常分析和演变分析(包括趋势和相似性分析)。这些任务可能以不同的方式使用相同的数据库,并需要使用大量数据挖掘技术。

(十)支持移动环境

移动互联网正在给信息产业带来一场深刻的变革,移动计算将成为主流计算环境。所谓移动计算是指利用移动终端通过无线和固定网络与远程服务器交换数据的分布式计算环境。数据挖掘技术已经成为一种能将巨大数据资源转换成有用知识和信息资源,帮助我们进行科学决策的有效工具。数量庞大的移动用户对数据挖掘服务有着潜在的巨大需求,基于移动计算的数据挖掘研究已被提上了研究日程。基于移动计算的数据挖掘有效地解决了对异构数据库和全球信息系统的信息挖掘问题,必将在新一轮的技术竞争中成为持续发展的增长点。

由此得知,未来数据挖掘研究和探索的内容是极其丰富和极具挑战性的。

第三节 大数据技术推动高校发展的对策

一、大数据环境下高校学生工作管理现状

(一)学生管理工作者思想准备不足

在传统思维模式下,对于学生的管理主要还是依靠于规章制度和教师的说教。而管理的效果主要依靠教师的管理能力,学生管理工作者习惯于用传统的管理方法解决问题。在大数据的环境和背景下,分析学生的思想或者观察学生的行为,都要依靠数据,大数据的出现让学生管理工作者开始统计各方数据,而不能简单地依靠日常的考核。各方数据统计出来之后,学生管理工作者应该转变思维方式,改变工作思路,重视大数据带来的新变化。

（二）学生管理工作者管理水平缺乏

互联网高速发展的一个重要现象就是信息数据的激增，其中比较常见的是上网使用浏览器会在网络地址上面留下记录，同时运用打字输入法时会在计算机中记录经常出现的词汇，很多手机软件使用者的计算机信息的数据会上传到网络上面，让数据呈现爆炸式增长趋势。在高校，随着信息化建设的逐步完善，学生管理工作者获得的数据越来越庞杂，这就需要专门的人才对数据进行分析、解读。

（三）大数据技术尚未完全开发和应用

虽然说现在有的高校已经加强了对互联网工作的认识能够充分利用互联网的优势开展工作，但是对于数据的收集、存储、处理和分析，并没有得到学生管理工作者深层次的运用，甚至于没有被他们所了解，更不用说通过数据分析，来知晓学生的学习状态、生活状态以及对他们的间处理和追踪。造成这方面问题的原因就是，大数据技术没有得到完全开发和运用，更深层次的原因就是各高校相关人才的缺乏和对于技术的限制。

（四）对学生相关数据信息的采集和信息安全的管理不足

大数据时代，顾名思义，高校对于学生的管理都应该和数据相关，都应该以数据为基础进行分析。而分析的基础就是对相关数据进行采集，其中包括学生的个人基本信息、家庭信息、成绩信息、平时表现信息等和学生相关的一切信息都应该进行收集、分析，但是由于大数据时代刚刚来临，并没有统一的数据规范及数据管理方式，造成数据统计的标准不一致，这就造成了数据统计量的增加、数据统计后分析工作的繁杂。大数据时代另一个需要注意的方面是对于收集到的学生信息安全的管理问题。在传统信息时代，对于学生的信息安全保护便是一个重要的问题，在大数据时代，学生的信息安全就是更为重要的问题。

二、大数据时代高校学生管理工作的应对策略

（一）转变传统思维模式，充分认识大数据

大数据时代对于高校学生管理工作者首要的要求就是及时转变思想观念，树立大数据意识。将大数据思维应用于实际工作之中，在实际工作中及时收集数据、统计数据、分析数据、存储数据，对数据背后的管理工作提供数据上的支持。总之，通过运用大数据的思维模式解决大数据的问题，而不是沿用传统思维模式去解决大数据的问题。管理者只有提高认识转变思维，才能推动大数据应用的发展。

1. 用开放的视角看待和接纳大数据

大数据作为信息技术发展的又一高潮，被誉为即将到来的"第三次工业革命"的代表性技术之一，其对社会变革的影响力不容置疑。而高等教育作为教育的最高级阶段，因其服务社会的基本职能而与社会的联系更加紧密。与此同时，大数据和高等教育之间亦存在着天然的相互促进、相互制约、共同发展的紧密关系，高校应重视大数据对高等教育发展的推动作用，将其作为自身综合改革中有效的补充手段。

2. 正确认识大数据的作用和意义

通过充分全面地认识大数据作用和价值，避免对大数据"一刀切"式的应用，高等教育中不同领域有区别、有选择地应用反而能够更有效地发挥大数据的作用。数据代表着对事物的描述，并能够对事物进行记录、分析和重组；数据化是指一种把现象转变为可以制表分析的量化形式的过程。大数据是一种将世间一切数据化的尝试和努力，而大数据发展的核心动力正是源于人类测量、记录和分析世界的渴望。大数据不仅是海量数据这样的信息实体，更是一种技术和思维，让人类发掘到又一个新的前进方向。

大数据的价值正是在于赋予我们一条新的途径和一种新的方法，让我们站在一

个新的角度去重新审视过去、发现现在和感知未来。当一切信息被挖掘、被分析、被简单地呈现，以往不能发现的事实被袒露出来，世界不再是云里雾里，人们可以看到真实和真相，而不再是简单、无法辨别地被引导。与此同时，人们通过对过去的洞察，就可以基于客观的经验规律对未来的一些事物进行科学的预测，从此预测不再是臆测，未来不再是完全的不可知，大数据为我们凿开了小小的一个洞孔，我们得以窥见洞穿未来迷雾的一束光。

3."否定之否定"式发展大数据思维

通过大数据思维的吸收、反思和探索，高等教育作为大数据研究的重要组成部分和大数据应用的新高地，参与并推进大数据思维遵循着"否定之否定"的规律走向成熟和完善。虽然必须承认大数据作用的有限性，但不可否认的是，大数据仍蕴含着巨大的科学和社会价值，而如今我们还只是踏入了大数据宝库的大门，对大数据本身的认识尚不完全，还远远谈不上对大数据充分和自如地运用。

4.建立大数据应用的伦理和规范

通过对大数据带来的新技术变革的"顺应"和"同化"，高等教育具备在学理和文化层次对大数据的思考，并从哲学、社会学、法学、伦理学等角度去规范大数据的研究和应用，以保持大数据引发社会变革的有序性和平稳性。在正确认识大数据价值与意义的基础上，当前人类需要考虑的是如何去发挥大数据的作用以及为大数据的应用建立规范。如果将大数据视为当今世界技术变革浪潮中的又一高峰，面对这种技术变革，人类不仅需要"顺应"，也应进行"同化"。

（二）提高学生管理队伍的信息处理技能水平

大数据时代学生管理工作者每天要面对纷繁庞杂的数据，如何处理这些数据，选择出有价值的信息、分析出数据背后的深层次意义，这些都要求高校学生管理工作者必须拥有处理信息的能力、有处理复杂问题的水平，也就是说，大数据时代需要更多的数据技术性复合人才。从当前来看,在短时间内要拥有一支可以处理大数据能力的队伍,必须要求学生管理工作者不断地参与各类不同的技术培训,掌握数据的理论研究方法,提高计算机使用能力和信息的处理、分析能力,能够通过对数据的分析及时了解学生的思想动态状况、了解学生所关心的热点问题。

(三)创建高校大数据交流平台

现在各高校都会针对学生的信息统计数据,但是各高校间的统计方式必然是有区别的。那么在大数据时代,如何将各高校的数据整合在一起,做到信息共享,更好地为学生服务,一个有效的方法就是创建高校大数据交流平台。在推进信息化建设过程中需提高对数据信息的敏感性,主动收集、整理信息数据并认真分析。

1. 建立大数据交流平台,整合数据资源并简化大数据应用

建立高校大数据交流平台,在整合原有信息系统的基础上主要包括对数据采集设备、数据传输网络、数据储存和分析系统的升级和建设,并通过对数据和应用的高度集成将复杂的大数据处理程序交付专业人员处理,为一线教师减轻负担。高校大数据交流平台是一种将学校信息设备升级和信息系统整合后的高度集成的信息处理平台,通过强大的数据收集和分析能力,可以有效地提高数据管理的质量和效率,促进资源共享,为高校管理决策提供证据支撑,利用大数据集成推动高校资源配置的优化。同时大数据工具的集成简化了大数据的应用,实现大数据在人才培养、科学研究、社会服务和文化传承创新等多个方面推动高等教育的发展。

2. 发展大数据技术,实现大数据本身功效的提升

当前的大数据技术已具备基础的大数据处理能力,但是目前还谈不上成熟,在大数据的处理流程中,特别是数据收集、存储和分析等环节现有技术仍无法满足人们对数据信度和效度、数据传输和存取实时性、数据分析效率的要求,同时整个大数据技术体系的成本和处理流程的能耗在当前也不能让人满意,因此进行技术方面的改善和突破便势在必行。对于高等教育来讲,成熟的大数据技术体系的开发将能够更有效地发挥大数据对高等教育的发展推动作用,也将极大地改善大数据在高校中应用局限性的窘境,而成本和能耗的降低也将获得更多高校对大数据的认可,吸引更多的高校采用大数据参与进教学、科研和管理等活动中去,这无疑将促进大数据在高等教育中深入发展。

(四)加强信息监管,制定相关制度

大数据意味着信息量的增加以及信息泄露概率的增加。一旦这些信息被泄露出去,会造成很大的数据风险。信息安全是一项技术类问题,同时也是管理问题,因而必须要加强对信息的监管力度,建立起完善的信息安全保护制度,并加强对重点领域数据库的日常监管。

(五)优化高校资源配置,提高大数据利用效率

对于大数据而言,高校进行资源整合的基本前提和目的就是为改变高等教育对大数据的局部不适应,并通过大数据的有效应用推动高等教育进行创新和改革。大数据在高校中应用本身是推动高等教育信息化、促进高等教育改革以及提升高等教育质量的一个有效手段,而高校满足大数据应用资源需求既能够实现自身的战略目标,又能够通过对高等教育信息化的推进、人力资源的提升以及校际联盟的成立整合自身资源配置、发挥资源最大效益并实现资源的有效共享。

首先,围绕建设高校数据平台的目标,升级学校的软硬件配置。对于高校大数据平台的软硬件配置来说,主要问题是缺乏对更全面的过程数据的采集能力,不过以传感器、射频识别设备、智能嵌入设备和激光扫描设备为核心设备群的"物联网"的加入,将大大改善这种状况。物联网不仅能够实时地感知并传送数据,而且通过与计算中心的连接,还能根据命令对"网"中的物体进行实时的控制,这便极大地扩展了大数据平台信息收集和反馈的能力;而对于数据传输网络,大数据对实时处理

的要求必定需求较快的数据传输速度,很多高校当前的数据传输速度无法实现对包括视频、音频在内的大规模数据的实时传输,需要通过更改有线和无线网络布局、升级网络设备和优化数据传输机制等措施升级数据传输系统;对于数据存储和分析系统,根据各校经费状况平衡成本和效率,高校应有区别地引入分布式数据管理系统和云科技系统对现有数据存储和分析系统进行升级,前者能够在不损坏数据的基础上对数据规模进行一定程度地压缩,并具备一定的大数据处理能力,而后者在付费情况下能够提供较大的额外存储空间和强大的数据计算能力。

其次,创新和丰富数据文化。大数据的本质是一种技术和工具,是人类认识世界、解决问题的一种方式,它包含着将世界"数据化"的目的,是工具理性的天然扩张,但大数据必须置于人的控制之下,束缚在价值理性的"牢笼"里,人们拒斥"工具理性",但并不拒斥理性。

最后,加强对大数据的推广。高校应利用自身学术权威的地位,通过对大数据进行学理的反思、实践的验证以及进一步发展的研究,规范大数据的发展并将正确的大数据理念应用于社会当中,促进社会各界对大数据的充分认识;开发简单易用的大数据应用,注意应用的友好度,因为对于大部分管理者、教师和学生等非专业直接应用人员,过于复杂的操作将会大大消磨其使用大数据工具的积极性;满足希望提升自身大数据应用能力的社会人员培训需求,展开大数据相关能力的培训,从理念和技术上提升其能力以达到其学习要求;满足希望从事大数据相关职业的学生的学习需求,开设数据科学、大数据等相关专业,培养专业的大数据人才。

总之,高校应充分利用其特有的创造知识和传播知识的巨大能力,大力发挥其培养人才、发展科学、服务社会以及传承创新文化的职能,完善并推广大数据的应用,助推全民数据素养的提升。

(六)重视大数据人才的培养,提高大数据服务质量

首先,成立"大数据应用与研究联盟"。单所高校资源的不足和力量的薄弱不足

以支撑某些耗资耗费巨大的大数据应用和整体的大数据研究，那么寻求高校间甚至高校与社会科研机构、政府以及行业企业的合作与联盟，以谋求更多的资源，便成了必然选择。其次，加强对大数据人才队伍的建设，即对大数据应用人才、大数据管理人才和大数据研究人才整体队伍的建设。引进和培养大数据应用与管理人才，加强对大数据技术的应用能力，主要包括对大数据应用和管理人才的引进，对专业数据人才的培养以及对学校教师大数据意识和素养提升的培训。

大数据与具体学科结合的研究，需要具有学科背景的大数据研究人才，这同样需要高等教育进行交叉学科的建设和人才培养，以拓展大数据时代学科发展的实现途径。通过加强对大数据人才的引进和培养，高校为大数据的进一步应用完善人力资源配置，并为高校大数据应用和研究提供人力支撑，这是促进大数据和高等教育有机结合的重要保障。

三、大数据时代下高校统计工作的机遇与挑战

（一）大数据时代下高校统计工作的机遇

1. 智能软件和硬件的使用大幅提高了统计工作的效率

高校统计工作科目繁多，统计工作量庞大，而智能硬件和软件的使用改变了传统的工作方法。统计部门在进行数据统计时以采集信息、录入信息为主，数据的统计、分析及报表生成，则依靠智能软件来完成，大幅提高了统计工作的效率。

2. 统计工作的准确性进一步提高

传统统计工作主要依靠人力收集和整理统计数据，错误时有发生。而大数据背景下的统计工作，只需录入相应基本信息，就可以运用智能设备和软件计算出所需数据，这减少了人为因素造成的数据错误现象，大幅地提高了数据统计工作的准确性。

3. 统计工作的标准化进程加快

随着智能设备和智能软件的使用，统计工作的标准化也在不断推进，高校统计工作渐成独立模块，逐步形成完整体系。

4. 统计部门逐渐成为高校管理的重要依托

随着信息一体化进程的推进，大数据时代下数字化的综合信息平台成为很多高校师生日常工作学习必不可少的智能软件，统计部门逐渐成为高校经营管理的重要依托。

（二）大数据时代下高校统计工作的挑战

1. 统计人员的人力使用减少，工作职能弱化

以往传统统计需要大量人力、物力支持，而在大数据时代下，依托智能统计硬件与软件，统计人力的使用减少，致使一部分统计业务能力较弱的统计工作人员面临被淘汰的问题。

2. 传统的统计工作模式遭到冲击

传统的人工填报表、回收报表、统计报表数据的工作模式已逐渐被淘汰，在信息化时代的今天，基层数据统计部门的固有工作模式被智能设施取代，基层数据统计工作终将面临更大的压力。

3. 统计部门的数据分析能力有待进一步提高

当前，大数据统计部门的素质人才相对匮乏，统计手段相对落后，甚至出现工作人员业务能力无法适应统计硬件、软件设备的更新，进而造成对原始数据的分析解读不到位，导致直接影响了数据统计工作的顺利进行和发展。

4. 统计部门需加强安全防范意识

随着信息时代的来临，网络技术运用广泛，各行各业都有机密信息外漏的风险，作为高校应该采取积极措施，防患于未然，注重提高自身信息安全。

参考文献

[1] 特金顿.Hadoop 基础教程 [M].北京：人民邮电出版社，2004.

[2] 埃尔.云计算概念、技术与架构 [M].北京：机械工业出版社，2014.

[3] 周品.Hadoop 云计算实战 [M].北京：清华大学出版社，2012.

[4] 于广军，杨佳泓.医疗大数据 [M].上海：上海科学技术出版社，2015.

[5] 王鹏.云计算的关键技术与应用实例 [M].北京：人民邮电出版社，2010.

[6] 孟小峰，慈祥.大数据管理：概念、技术与挑战 [J].计算机研究与发展，2013，50（1）：146-169.

[7] 翟周伟.Hadoop 核心技术 [M].北京：机械工业出版社，2015.

[8] 刘鹏.实战 Hadoop：开启通向云计算的捷径 [M].北京：电子工业出版社，2011.

[9] 莫秀林.地理信息系统（GIS）专题内容的分类探讨 [J].新建设：现代物业上旬刊，2013（10）：23-25.